Axel Don • Roland Prietz

Unsere Böden entdecken

Die verborgene Vielfalt unter Feldern und Wiesen

2. Auflage

Springer

Axel Don
Thünen-Institut für Agrarklimaschutz
Braunschweig, Deutschland

Roland Prietz
Thünen-Institut für Agrarklimaschutz
Braunschweig, Deutschland

ISBN 978-3-662-71764-6
ISBN 978-3-662-71765-3 (eBook)
https://doi.org/10.1007/978-3-662-71765-3

Die Deutsche Nationalbibliothek verzeichnet diese Publikation in der Deutschen Nationalbibliografie; detaillierte bibliografische Daten sind im Internet über http://dnb.d-nb.de abrufbar.

Planung/Lektorat: Simon Shah-Rohlfs
Springer ist ein Imprint der eingetragenen Gesellschaft Springer-Verlag GmbH, DE und ist ein Teil von Springer Nature.
Die Anschrift der Gesellschaft ist: Heidelberger Platz 3, 14197 Berlin, Germany

Vorwort

Verborgen unter der Erdoberfläche bilden Böden die dünne Haut der Erde. Sie sind unsere Lebensgrundlage und werden doch oft als „der Dreck unter unseren Füßen" bezeichnet. Um sie zu Gesicht zu bekommen, muss man graben oder die Augen weit offen halten. An Baugruben zum Beispiel bekommt man gelegentlich die Möglichkeit, einen Boden in seiner ganzen Tiefe zu sehen. Was für uns Seltenheitswert hat, war für die Bodenkartierer am Thünen-Institut für Agrarklimaschutz Braunschweig etwas Alltägliches. Sieben Jahre lang fuhren sie durch ganz Deutschland und gruben an 3104 landwirtschaftlich genutzten Flächen den Boden auf, um ihn zu begutachten und zu beproben. Das Ergebnis dieser Arbeit war die erste Bodenzustandserhebung Landwirtschaft, die 2018 abgeschlossen wurde.

An über 3000 Standorten in Deutschland wurde der Boden im Rahmen der Bodenzustandserhebung Landwirtschaft aufgegraben und untersucht. (Fotos: R. Prietz li., S. Evertsbusch re.)

Die beeindruckende Bodenvielfalt, die die Bodenkartierer gesehen haben, war der Ausgangspunkt für dieses Buch. Die aufgegrabenen Bodenprofile sind alle längst wieder sorgfältig zugeschüttet worden. Übrig geblieben sind, neben einer Menge Daten, die Fotos der Böden. Eine Auswahl davon ist in diesem Buch zu sehen und soll allen, die nicht im Feld dabei waren, einen Einblick in die (Unter-) Welt der Böden in Deutschland geben.

Wenn man Böden richtig lesen kann, erzählt jeder Boden eine Geschichte. Die Geschichten handeln vom Klima und der Pflanzenwelt längst vergangener Tage oder davon, wie Böden beackert wurden, um Nahrungsmittel anzubauen. Die deutschlandweite Bodeninventur am Thünen-Institut für Agrarklimaschutz beschränkte sich auf landwirtschaftlich genutzte Böden, also alle Äcker und Wiesen. Sie machen die Hälfte der deutschen Landfläche aus. Hier wird unsere Nahrung aber auch Futter und biologische Rohstoffe angebaut. Wir möchten Sie mitnehmen auf eine Reise quer durch Deutschland zu den verschiedenen landwirtschaftlichen Böden und gleichzeitig auf eine Zeitreise in die Geschichte der Böden.

Alle Bodeninteressierte sind eingeladen, uns auf dieser Reise zu folgen, nicht nur ein Fachpublikum. Daher vermeiden oder umschreiben wir Fachbegriffe. Kursiv markierte Wörter haben wir zusätzlich in einem Glossar am Ende des Buchs erklärt. Manch einen komplexen Zusammenhang stellen wir vereinfacht dar, worüber ein Bodenwissenschaftler vielleicht die Nase rümpfen mag, da ihm die Fachbegriffe und Zusammenhänge geläufig sind. Dieses Buch soll aber allen den Zugang zur Bodenwelt ermöglichen.

Die Böden, die wir zeigen, sind nicht klinisch sauber und bis ins Letzte für ein Foto präpariert worden. Vielmehr zeigen die Fotos Böden so wie sie sind: klebrig, dreckig, krümelig oder matschig. Dadurch wollen wir Sie so nah wie möglich an die Böden heranführen.

Zu jedem Bodenprofilfoto in diesem Buch finden Sie Informationen darüber, um welchen Bodentyp es sich handelt und wo das Bild aufgenommen wurde. Kleine Karten an den Fotos zeigen den Standort der Aufnahme. Die farbig markierten Flächen sind die Verbreitungsgebiete des jeweiligen Bodentyps. Die transparente, helle Farbfläche markiert Regionen, in denen dieser Boden ab und zu vorkommt. So richtig sicher kann man sich aber nie mit den Böden sein. Jeder Bodentyp kann vereinzelt auch außerhalb des eingezeichneten Verbreitungsgebiets vorkommen. Das ist bei allen Bodenkarten so und macht die Bodenkartierung so spannend. Mehr Informationen zum Vorkommen verschiedener Bodentypen liefern in Deutschland detaillierte Bodenkarten der Bundesländer. Am Buchende geben wir Hinweise, wo diese im Internet zu finden sind.

Unser Dank gilt allen Kollegen[1] am Thünen-Institut, die bei Wind und Wetter Bodenprofile gegraben, beschrieben und fotografiert haben und auch allen anderen, die geholfen haben, damit dieses Buch entstehen konnte. Außerdem danken wir allen Landwirten, die bei der Bodenzustandserhebung Landwirtschaft mitgemacht haben und uns erlaubt haben, ihre Flächen zu beproben.

Wir wünschen Ihnen viel Freude beim Entdecken unserer Böden – hier im Buch und draußen in der Natur. Denn eines gilt auch für Böden: Schützen kann man nur was man kennt.

Braunschweig
Juni 2019

Axel Don
Roland Prietz

[1] Aus Gründen der Lesbarkeit wurde im Buch nur die männliche Form gewählt. Wir beziehen uns damit aber auf alle Menschen.

Vorwort zur 2. Auflage

Nicht nur Böden verändern sich ständig, sondern auch die Einordnung und Benennung der Böden durch die Bodenwissenschaftler. Nach jahrelanger Arbeit wurde 2024 eine überarbeitete Systematik für die deutschen Böden herausgebracht, die Bodenkundliche Kartieranleitung KA6. Einige Böden haben dadurch einen neuen oder veränderten Namen bekommen. Zum Beispiel wurde aus der Schwarzerde ein Tschernosem und der Treposol heißt jetzt Treporigosol. Damit Sie als Leserinnen und Leser dieses Buches auch auf dem neuesten Stand sind, haben wir das Buch überarbeitet und da wo nötig der neuen Systematik mit den neuen Namen angepasst.

Wir hoffen, dass das Buch so auch in der Lehre weiterhin und vermehrt eingesetzt wird und einen leichten und bunten Zugang in die Welt der Böden bietet.

Braunschweig
September 2025

Axel Don
Roland Prietz

Inhaltsverzeichnis

Die Autoren

Axel Don hat Geoökologie mit Schwerpunkt Bodenkunde an der Universität Bayreuth und der Universität Limerick (Irland) studiert. Seine bodenkundliche Doktorarbeit hat er am Max-Planck Institut für Biogeochemie in Jena zum Thema Kohlenstoffstoffspeicherung von Aufforstungen angefertigt. Er ist stellvertretender Institutsleiter am Thünen-Institut für Agrarklimaschutz und hat eine Professur an der Technischen Universität Braunschweig. Er forscht über den Landnutzungseinfluss auf Humus in Böden und die Funktionen von Humus. (Foto: M. Welling)

Roland Prietz hat Forstwissenschaften an der Universität Göttingen studiert und sich nach seinem Referendariat in der niedersächsischen Landesforstverwaltung auf Bodenkunde spezialisiert. Er hat langjährige Erfahrung in der Bewertung und Kartierung von Böden in ganz Deutschland und bei der Erstellung vieler bodenkundlicher Kartenwerke mitgewirkt. Seit 2013 leitet er die Abteilung Freilandaufnahme der Bodenzustandserhebung Landwirtschaft am Thünen-Institut für Agrarklimaschutz. (Foto: M. Welling)

Entdeckungsreise zu unseren Böden – eine Einführung

1

Kapitel 1

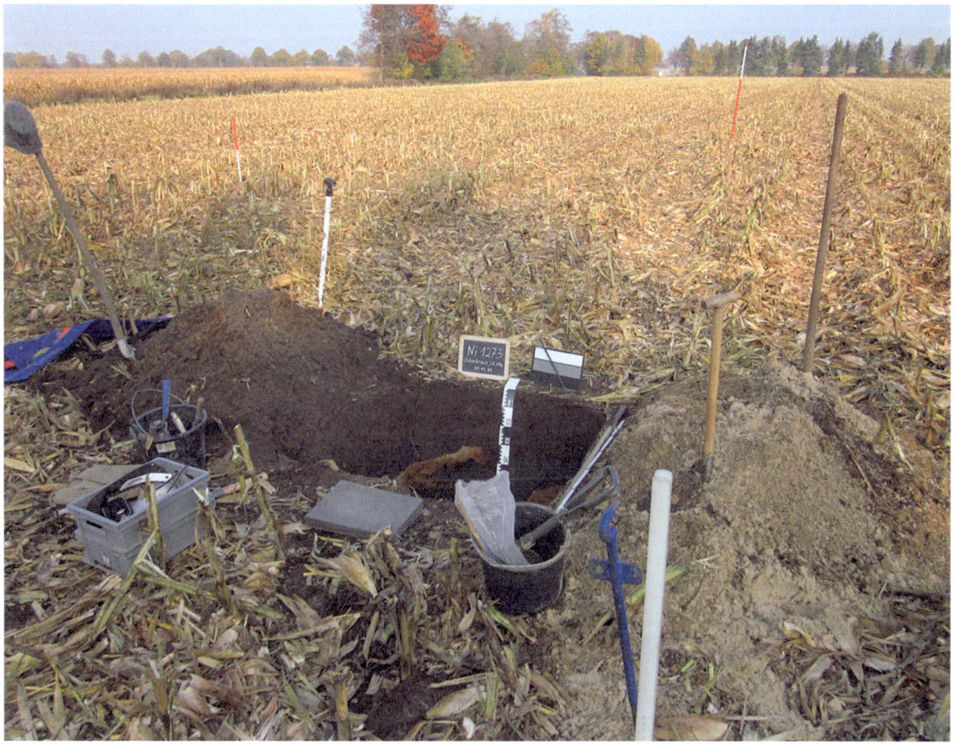

(Foto: S.Evertsbusch)

A. Don, R. Prietz, *Unsere Böden entdecken*, https://doi.org/10.1007/978-3-662-71765-3_1

1.1 Die Vielfalt unserer Böden

So wenig Land, so viel Vielfalt

Deutschland gehört nicht gerade zu den größten Ländern der Welt. Zumindest was die Fläche angeht. Es macht gerade einmal 0,3 % der Landoberfläche der Erde aus, Mexiko ist mehr als fünfmal so groß wie Deutschland und Australien sogar 22-mal. Auf diesem kleinen Flecken Erde gibt es aber eine Vielfalt, die beeindruckend ist und die kaum jemand kennt: die Vielfalt der Böden. Von den 32 *Bodentypen*, die es in der internationalen *Bodenklassifikation* gibt, kommen mehr als die Hälfte in Deutschland vor. Ganze 56 verschiedene *Bodentypen* benötigt die deutsche *Bodenklassifikation* (Abb. 1.1), um die Vielfalt unserer Böden zu sortieren und zu klassifizieren (davon fünf *Bodentypen* für Unterwasserböden). Jeder *Bodentyp* wiederum kommt in einer Vielzahl verschiedener in einer Vielzahl verschiedener Subtypen, Übergangstypen und Varietäten vor. Wie kommt es zu einer so großen Vielfalt? Dieser Frage gehen wir in diesem Kapitel nach. Vier große Faktoren spielen dabei eine Rolle: die Geologie, das Wasser, die Zeit und der Mensch (Abb. 1.2).

Geologie oder der mineralische Teil des Bodens

Böden bestehen rund zur Hälfte aus Festsubstanz und zur anderen Hälfte aus Hohlräumen, den Poren. Die Festsubstanz besteht in den meisten Böden zu mehr als 90 % aus mineralischen Substanzen, die aus dem Gesteinsmaterial stammen. Die übrige Festsubstanz sind die umgewandelten Reste von Pflanzen und Tieren, bekannt als *Humus*. Drei große Klassen von Gesteinen gibt es: *Sedimentgesteine, Magmatite* und *Metamorphite*. In diesen drei Gesteinsklassen gibt es eine Vielzahl verschiedener Gesteine. Alle drei Gesteinsklassen finden sich in Deutschland an der Erdoberfläche. Dafür gibt es einen einfachen Grund: Deutschland liegt am Rand einer Kontinentalplatte (Eurasische Platte) in der „Knautschzone" und nicht in der Mitte, wo alles stabil ist. Die Kontinentalplatten werden durch das zähflüssige Erdinnere ständig in Bewegung gehalten und bewegen sich aufeinander zu oder werden auseinandergerissen. Dadurch ist auch das Gestein bei uns seit Jahrmillionen in Bewegung. Wo zwei Platten aufeinander stoßen, wird es gestaucht und zu Gebirgen aufgetürmt.

Nicht nur die Alpen sind das Ergebnis des Zusammenstoßes dieser Kontinentalplatten (der Eurasischen mit der Afrikanischen Platte), sondern auch unsere Mittelgebirge, wie der Bayerische Wald, der Harz oder das Rheinische Schiefergebirge. Dabei wurden Gesteine nach oben gedrückt, die sich überdeckt von kilometerdicken Gesteinsschichten bei hohem Druck und Temperaturen gebildet haben (*Metamorphite*), wie zum Beispiel Tonschiefer. Risse in der Erdkruste taten sich auf. Darin ist Magma aufgestiegen und erkaltet oder als Lava an der Erdoberfläche ausgeflossen (*Magmatite*, wie zum Bespiel Granit oder Basalt). Da, wo sich Gebirge steil auftürmten, schwemmte Wasser besonders viel Material wieder ab (*Erosion*). Dieses Material lagerte sich schließlich in Senken und im Meer ab und wurde im Laufe von Millionen Jahren zu *Sedimentgestein*, z. B. zu Sandstein. In Deutschland gibt es sehr viele *Sedimentgesteine* an der Erdoberfläche, die damit zum *Ausgangsmaterial* für die Bodenbildung werden. Sie können aus Meeren stammen (z. B. Kalkstein) oder an Land abgelagert worden sein (z. B. Sandstein). Sie können selbst auch noch kleine Steine enthalten (z. B. Konglomerate) oder auch ganz feinkörnig sein (z. B. Tonstein).

Abb. 1.1 Die Bodenkundliche Kartieranleitung enthält das deutsche Klassifikationssystem für Böden und wird nicht nur von Bodenkundlern gern genutzt. (Foto: T. Hövelmann)

Nicht alle Sedimente wurden im Laufe von Jahrmillionen zu Gestein zusammengebacken oder gepresst. In der jüngsten geologischen Vergangenheit, den letzten *Eiszeiten,* wurden riesige Mengen Sedimentmaterial durch die Gletscher Skandinaviens und der Alpen nach Deutschland gebracht. Abgelagert als lehmige Schichten (z. B. *Geschiebelehm*), Sandschichten (z. B. *Schmelzwassersand*) oder durch den Wind als Staub transportiert und abgelagert (z. B. Löss, siehe Kap. 4), überdecken viele dieser jungen Sedimente die alten Gesteine. Dort entstehen Böden nicht nur aus einem *Ausgangsmaterial*, sondern aus mehreren: den jungen *eiszeitlichen* Sedimenten oben und den alten Gesteinen unten. Es gibt also nicht nur die verschiedenen Gesteine, sondern auch noch Kombinationen und Mischungen daraus, aus denen unsere Böden entstanden sind. Die Vielfalt dieser *Ausgangsmaterial*ien bringt uns die Vielfalt der Böden (Abb. 1.3).

Die formende Kraft des Wassers

Wasser bestimmt, welche Prozesse und Entwicklungen im Boden ablaufen. Wasser im Boden stammt aus dem Niederschlag. Dieser ist sehr unterschiedlich über Deutschland verteilt. Wäh-

GEOLOGIE WASSER ZEIT MENSCH

Abb. 1.2 Die Vielfalt der Böden bei uns wird durch vier Faktoren verursacht: 1.) Das geologische Ausgangsmaterial (z. B. Buntsandstein), 2.) den Wassereinfluss (z. B. orangegelbe Eisenoxide durch chemische Veränderungen), 3.) die Zeit (z. B. jahrhundertelange Anreicherung von Humus) und 4.) den Mensch (z. B. mit Tiefpflügen entstandene Querstreifen). (Fotos: (v. l. n. r.) S. Evertsbusch, R. Prietz, T. Rauschen, M. Dinter)

rend die mittlere Temperatur sich nur um wenige Grad über ganz Deutschland hinweg unterscheidet, gibt es einen großen Regengradienten von jährlich weniger als 400 mm Niederschlag in Teilen Sachsen-Anhalts bis zu über 1600 mm in den Höhenlagen der Mittelgebirge und am Alpenrand.

In einem gut durchfeuchteten Boden sind ungefähr die Hälfte der Poren mit Wasser gefüllt. Das macht ein Viertel des ganzen Bodenvolumens aus. In diesem wassergefüllten Bodenteil finden alle chemischen und biologischen Prozesse des Bodens statt. Wasser ist der Katalysator und Reaktionsraum für Bodenprozesse wie z. B. die chemische Verwitterung (Kap. 3). Wasser kann auch als Grundwasser von unten kommen (Kap. 6). Auch Grundwasser ist sehr unterschiedlich verteilt in Deutschland. Mal ist der Grundwasserspiegel dutzende Meter tief und beeinflusst die Bodenentwicklung nicht, mal steht es wenige Zentimeter unter der Erdoberfläche an und prägt die Bodenentwicklung maßgeblich.

Wasser steuert, wann und wo Sauerstoff im Boden zu finden ist. Der Transport von Sauerstoff durch eine wassergefüllte Pore ist 100.000-mal langsamer als durch eine luftgefüllte Pore (Diffusion). Ohne Sauerstoff laufen viele Prozesse in eine andere Richtung als normalerweise, wenn Sauerstoff vorhanden ist. Am deutlichsten sichtbar wird dies im Boden am Eisen. Nur mit Sauerstoff wird es zu Eisenrost umgewandelt und ist dann rötlich braun im Boden zu sehen. Fehlt Sauerstoff, wird Eisenrost zu einer unsichtbaren Eisenform. So hinterlässt Wasser Spuren im Boden (Kap. 3 und 6). Ist kaum Sauerstoff mehr vorhanden, wird auch der Abbau von Pflanzenresten und *Humus* auf ein Minimum reduziert. Die Organismen im Boden, die eigentlich für die Zersetzung zuständig sind, können nicht mehr atmen und deshalb nicht überleben. Es kommt zu einer Anreicherung von Pflanzenresten, z. B. als Torf in Mooren (Kap. 7).

Wasser bestimmt als Sickerwasser, was im Boden verlagert und ausgewaschen wird. In fast all unseren Böden versickert Niederschlagswasser. Dabei kann es Stoffe wie *Humus*, Eisenverbindungen oder sogar *Tonminerale* mitnehmen und in tiefere Bereiche des Bodens transportieren. Dies passiert nur bei ganz bestimmten Bodenbedingungen (Kap. 3 und 4). Auswaschungen verändern das Aussehen und die Funktionen von Böden und tragen so auch zu deren Verschiedenheit bei.

Alles geht so langsam

Böden brauchen Zeit, um sich zu entwickeln. Bis ein Zentimeter Boden gewachsen ist, dauert es durchschnittlich 200 Jahre. Diese Entwicklung bleibt nicht stehen und erreicht auch fast nie ein Ende. Deshalb sind die Böden, die wir heute finden, nicht unveränderlich. Jeder Boden ist morgen schon ein bisschen, wenn auch unmessbar, anders als heute. Ganz langsam verändern er sich und strebt einem Endzustand entgegen, der in keinem unserer Böden bereits erreicht ist. Einen Vorgeschmack auf diesen Endzustand geben uns einige alte tropische Böden. Dort läuft die Bodenentwicklung wegen des warm-feuchten Klimas schneller ab. Übrig bleibt am Schluss der Bodenentwicklung eine Mischung aus Eisenrost (*Oxiden*) und Sand (Quarz). Diese Mischung ist kaum in der Lage, Wasser und Nährstoffe zu speichern und ist deshalb unfruchtbar. Die meisten unsere Böden sind recht jung, da die *Eiszeiten* die Bodenentwicklung in vielen Regionen Deutschlands auf null zurückgestellt hat, indem sie ganz abgetragen oder mit Sand und anderem *eiszeitlichen* Sedimenten überdeckt wurden (Kap. 2). Nach Ende der letzten *Eiszeit* vor 10.000 Jahren fing für die meisten unserer Böden die Entwicklung von vorne an.

Zur Vielfalt der Böden trägt aber bei, dass sich in geschützten Lagen auch ältere Böden erhalten konnten, sogenannte Paläoböden. Manchmal findet man sie heute auch überdeckt von jüngeren Böden. In diesen alten Böden hatte die Bodenentwicklung mehr Zeit und es entstanden dadurch andere, weiter entwickelte Böden (z. B. Terra fusca, Abschn. 5.2). Oder es entstanden Böden unter Umweltbedingungen, die es heute bei uns nicht mehr gibt, wie z. B. ein kontinentales Steppenklima (Schwarzerde, Abschn. 4.2). Es gibt aber auch Böden, die viel

Abb. 1.3 An diesen beiden Bodenprofilen wird deutlich, wie unterschiedlich Böden sein können. a Der eine besteht nur aus einer dünnen humosen Bodenlage von weniger als 20 cm Mächtigkeit, worunter direkt das Gestein folgt (Rendzina). b Der andere Boden ist über einen Meter mächtig und tief humos (Plaggenesch). (Fotos: a M. Dinter, b T. Rauschen)

jünger sind als die erwähnten 10.000 Jahre. So sind z. B. die Sedimente in Flussauen erst vor Jahrzehnten oder Jahrhunderten abgelagert worden. Die Böden, die aus diesen Sedimenten entstanden sind, sind entsprechend weniger weit entwickelt und sehen anders aus. Umgekehrt können auch ganz aktuell Böden abgeschwemmt (Wassererosion), weggepustet (Winderosion) oder abgerutscht sein (z. B. durch Hangrutschung). Auf dem, was dann noch übrig bleibt, und sei es der nackte Fels, entwickeln sich wieder neue Böden. Da wir also neben den „normal alten" Böden sowohl viel ältere als auch viel jüngere Böden finden, vergrößert sich die Bodenvielfalt bei uns.

Der Mensch macht's

Mit der Erkenntnis über den menschengemachten Klimawandel entstand in den letzten Jahren ein neues Bewusstsein für den Einfluss menschlichen Handels auf die Umwelt. Dabei ist der menschliche Einfluss auf die Böden schon viel älter als der Klimawandel. Seit der Mensch sesshaft wurde, begann er, Waldflächen zu roden und mit der Landwirtschaft die Böden zu verändert. Der Pflug hat die obersten Zentimeter des Bodens durchmischt und mit der Ernte wurden den Böden Nährstoffe und letztendlich auch *Humus* entzogen. Viel stärker aber hat sich die mit dem Ackerbau einsetzende *Erosion*, die Abschwemmung von Bodenmaterial, auf unsere Böden ausgewirkt (Kap. 10). An einer Stelle wurde der obere Teil des Bodens gekappt und abgetragen und an anderer Stelle wieder abgelagert. In diesem abgelagerten Bodenmaterial kann man lesen, wie Böden bewirtschaftet wurden. Besonders gut funktioniert dies am Grund von Seen, wo das Bodenmaterial ungestört Lage um Lage sedimentierte. Wenn Böden zu intensiv und unsachgemäß genutzt wurden, nachweislich beispielsweise im Mittelalter, kam es zu katastrophalem Bodenverlust durch Abschwemmung von tonnenweise Bodenmaterial. Der Boden konnte dann mit einem einzigen Starkregenereignis für immer verändert worden sein.

Menschen haben auch ganz gezielt versucht, Böden zu verändern, um sie fruchtbarer und nutzbarer zu machen. Moore wurden trocken gelegt, um sie als Acker und Grünland nutzen zu können (Kap. 7). Auch Düngung und Kalkung gehören zur landwirtschaftlichen Nutzung immer dazu. Dadurch werden bestimmte Bodenentwicklungen gestoppt (z. B. Versauerung, Kap. 3) oder umgekehrt. Auf ganz armen Böden düngte man in einigen Regionen mit *Bodensoden* (Plaggen), die an anderer Stelle abgestochen wurden. Gezielt wurde ein Boden geplündert, um eine andere kleine Bodenfläche fruchtbar zu machen.

Eine sehr arbeitsintensive Methode („Plaggerei"), die erst mit der Industrialisierung aufhörte (Abschn. 10.1).

In den letzten 150 Jahren standen den Menschen auf einmal ganz andere Möglichkeiten zur Bodenbearbeitung zur Verfügung. Maschinengetriebene Riesenpflüge (Kap. 9), Bagger, LKW und Raupen wurden eingesetzt, um große Mengen Bodenmaterial abzutragen, zu transportieren und wieder zu verteilen. Ganze 7 % der landwirtschaftlich genutzten Böden in Deutschland sind auf diese Weise tiefgründig und unumkehrbar verändert worden. Es entstanden ganz neue *Bodentypen* (Kap. 9 und 10), die es ohne uns Menschen nicht gäbe.

Entdeckung der Vielfalt

Die *Bodenklassifikation* sortiert die Vielfalt der Böden in Schubladen, die *Bodentypen*. Wir nutzen die Schubladen der *Bodenklassifikation* bei den Überschriften der Abschnitte, die nach *Bodentypen* benannt sind (Abb. 1.10). In diesen „Schubladen" werden oft nur die typischsten Vertreter betrachtet, sodass die eigentliche Vielfalt der Böden unterschätzt wird. Was sich noch an Böden in den Schubladen befindet, möchten wir nicht länger verborgen halten. Jeder *Bodentyp* wird mit mehreren Bodenprofilen, auch den Varietäten, vorgestellt. Der Schatz der Vielfalt unserer Böden soll sichtbar werden.

1.2 Die Entstehungsgeschichte von Böden

Boden ist nur die dünne Haut unsere Erde, manchmal nur ein paar Zentimeter, meist ein paar Dezimeter bis Meter dick. Wenn die Erde so groß wäre wie ein Medizinball, wäre die Bodenschicht nicht mehr als eine papierdünne Hülle. Genau genommen entspräche der Boden nur einem Tausendstel einer Papierblattdicke. Diese Hülle ist aber die Basis allen Lebens außerhalb der Meere. Fast alle pflanzlichen Lebensmittel werden auf Böden angebaut.

Im Boden kommen gleich vier Sphären zusammen (Abb. 1.4). Sie machen Böden zum komplexesten und wohl verkanntesten Ökosystem der Erde: Die Atmosphäre ist in Böden präsent, weil Böden luftgefüllte Poren haben und verschiedene Gase produzieren. Die Hydrosphäre gehört zum Boden, weil Böden Wasser speichern und leiten. Die Lithosphäre ist die Welt der Gesteine. Aus Gestein ist das meiste Bodenmaterial entstanden, wie wir in diesem Abschnitt sehen werden. Außerdem wimmelt es in Böden von Lebewesen, da die Biosphäre in die Böden reicht und dort eine ganz besondere Fauna und Flora entstehen lässt. Die Bodenentwicklung erfolgt im Zusammenspiel von Luft, Wasser, Gestein und Lebewesen.

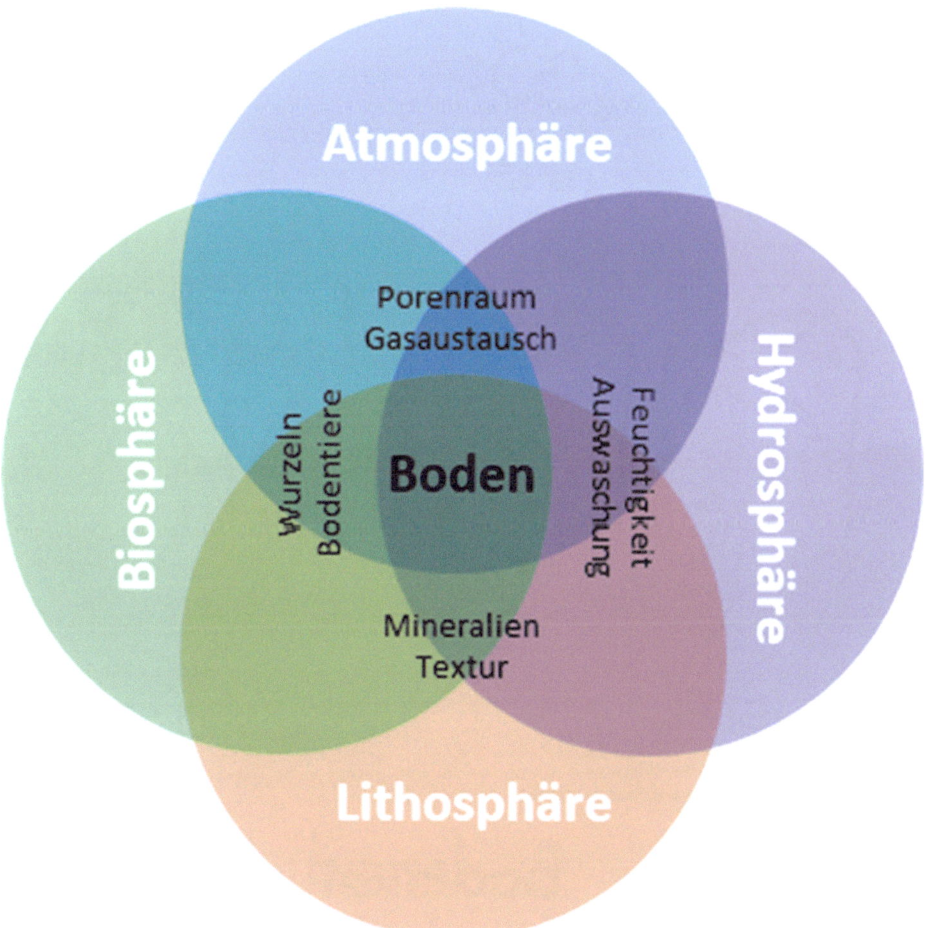

Abb. 1.4 Boden ist da, wo alle Sphären zusammenkommen: die Atmosphäre (Luft), die Biosphäre (alle Lebewesen), die Hydrosphäre (Wasser) und die Lithosphäre (Gestein)

Abb. 1.5 Wasser dringt in Risse des Gesteins ein, gefriert und sprengt es auseinander. Frostsprengung ist eine physikalische Verwitterungsform. (Foto: A. Don)

Im Gegensatz zum Gestein sind Böden belebt durch Pflanzen, Bodentiere und andere Lebewesen, darunter Pilze und Bakterien. Was Böden so besonders macht, ist ihr Aufbau: In Böden finden sich alle drei Aggregatzustände: gasförmig (Luft), flüssig (Wasser) und fest. Der feste Anteil im Boden besteht sowohl aus mineralischen Bestandteilen als auch aus *Humus*.

Aus Stein wird Boden

Ein Boden entsteht aus Gestein oder Sedimenten, wie Sand oder Kies. Unter dem Einfluss von Wind, Regen und dem Wechsel von Kälte und Wärme wird das Gestein zunehmend gelockert und es entstehen Risse und Spalten (Abb. 1.5).

In diese feinen Risse dringt Wasser ein, und wenn es gefriert, kommt es zur Frostsprengung: Gefrorenes Wasser dehnt sich aus und der Steinbrocken wird in mehrere Teile geteilt. Dieser Prozess nennt sich physikalische Verwitterung. Auch durch den Wechsel von Hitze und Kälte werden besonders die dunklen Gesteine langsam zerkleinert, weil sie sich an der sonnenbeschienenen Seite schnell erwärmen und dadurch ausdehnen. Dabei entstehen Spannungen, die den Stein auseinanderbrechen lassen. Aus großen Gesteinsbrocken wird so immer feineres Material, bis es so fein ist, dass es als Bodenmaterial Halt für die ersten Pflanzen mit Wurzeln bietet.

Alle Pflanzen, angefangen bei den Flechten und Moosen auf den Steinen, sondern Säuren ab, die das Gestein auf eine andere Art auflösen und zerkleinern: durch chemische Verwitterung. Pflanzen erschließen sich Nährstoffe wie Kalzium, Phosphat

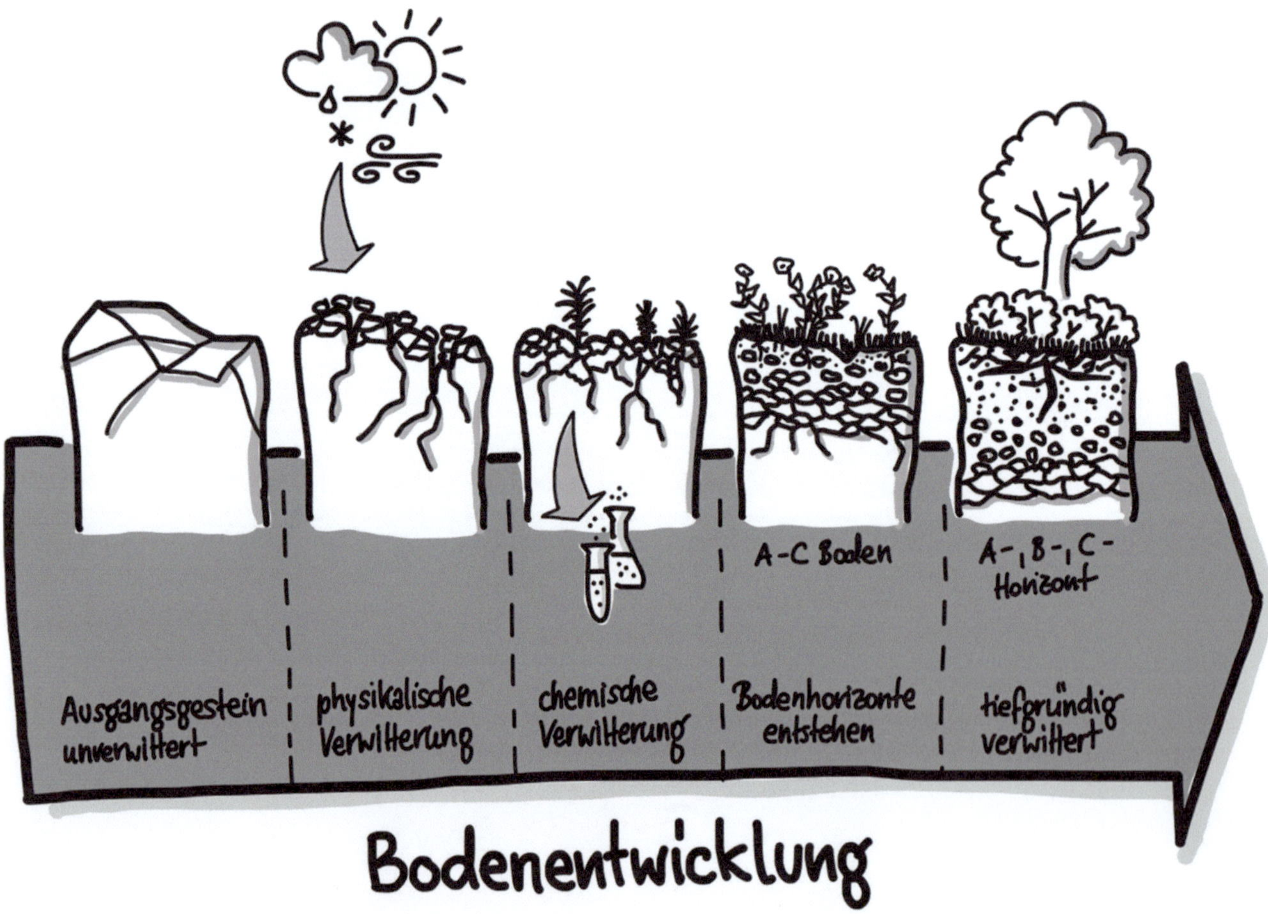

Abb. 1.6 Die zeitliche Entwicklung eines Bodens aus Gestein. (Grafik: Andrea Wendt)

und Magnesium, die im Gestein fest gebunden sind. Das chemisch verwitterte Gestein gibt diese Nährstoffe für die Pflanzen frei. Auch die Wurzeln und der *Humus* geben Säuren in die Bodenlösung ab, die das Gestein angreifen und auflösen und so die Bodenbildung vorantreiben. Dadurch verändern sich auch die *Minerale* des Bodens. Neue Minerale wie z. B. *Tonminerale* und *Oxide* entstehen aus dem aufgelösten Gestein und verändern Böden grundlegend. Erst das zerkleinerte Gestein und die neu entstandenen Minerale ermöglichen höheren Pflanzen wie Gräsern und Bäumen das Überleben. Denn nur das Feinmaterial kann wie ein Schwamm Wasser speichern. Die Speicherung von Wasser und Nährstoffen ist eine wichtige Bodenfunktion, durch die Pflanzen z. B. auch eine Trockenperiode überleben können. Pflanzen investieren also durch die Produktion von Säuren in die Entstehung von Böden und profitieren davon langfristig und nachhaltig. Diese Prozesse geschehen über Zeiträume von Jahrtausenden. Alles geht ganz langsam und das macht Böden so wertvoll. Ein 10 cm mächtiger Boden benötigt durchschnittlich 2000 Jahre, um auf diese Weise zu entstehen. Jede Bodenentwicklung beginnt mit dem puren Ausgangsgestein, welches langsam verwittert (Abb. 1.6).

Pflanzen lassen Böden entstehen und Böden lassen Pflanzen entstehen

Pflanzen und Böden leben in einer Zweckgemeinschaft (Symbiose), die die Entwicklung des Bodens vorantreibt. Pflanzenwurzeln und Blätter sterben ab und werden zu *Humus*, das dunkelbraune Gemisch, das man vom Kompost kennt. *Humus* wiederum ist einer der wichtigsten Bodenbestandteile für die Fruchtbarkeit von Böden. Fruchtbare Böden lassen mehr Pflanzen wachsen und erhalten so mehr Wurzel-, Laub- und Nadelstreu zum Aufbau von *Humus*. Dass wir bei unseren Böden nicht knietief im *Humus* waten, verdanken wir einem wundersamen Gleichgewicht, das durch die Aktivität von Millionen von Mikroorganismen wie Pilzen und Bakterien geschaffen wird. Diese kleinen Bodenlebewesen sorgen zusammen mit den großen Bodentieren wie Regenwürmern und Asseln dafür, dass *Humus* wieder abgebaut wird. Sie verarbeiten ihn zu Kohlendioxid und den im *Humus* gebundenen Nährstoffen. *Humus* ist deren Energiequelle. Ein Quadratmeter Boden enthält in den obersten 30 cm etwa zwei Billiarden Lebewesen, die sich von *Humus* ernähren. Diese Lebewesen arbeiten zusammen und zersetzen Wurzeln, Laubstreu und andere Pflanzenreste und auch *Humus*. Die Raspelzungen der Schnecken und die Beißwerkzeuge der Asseln sind bestens geeignet, das frische Material zu zerkleinern. Tiefgrabende Regenwürmer ziehen Streu in ihre Gänge und sorgen so dafür, dass sie nicht austrocknet und damit für Mikroorganismen als Nahrung nutzbar ist (Abb. 1.7).

Pilze bewegen sich wachsend mit ihren weißen Hyphen, die sich wie Wurzeln durch den Boden ziehen, zu ihrer Nahrung, den abgestorbenen Pflanzenteilen. Bakterien können sich rasend schnell vermehren und schleimige Schichten auf Streu und Wurzelresten ausbilden und so deren Zersetzung vorantreiben. Alle haben es auf die Energie und die Nährstoffe abgesehen, die in den abgestorbenen Pflanzenteilen gespeichert sind. Ein Kohlenstoffkreislauf entsteht (Abb. 1.8). Kohlendioxid wird durch Pflanzen aufgenommen und in Pflanzenbiomasse eingebaut. Abgestorbene Pflanzenteile werden zu *Humus* (Abb. 1.9). Bodentiere zersetzten Pflanzenteile und *Humus*. Dabei wird Kohlendoxid frei. Doch nie wird der gesamte *Humus* umgesetzt und sämtliches darin gespeichertes Kohlendioxid freigesetzt. Ein Großteil vom *Humus* ist schon einmal durch einen Tiermagen gewandert oder war einmal Teil eines Mikroorganismus.

Im Laufe der Jahrtausende wurde in unseren Böden immer mehr *Humus* akkumuliert. Da die Pflanzen oben auf dem Boden

Abb. 1.7 Durch die Aktivität der Regenwürmer wird der Boden mit *Humus* angereichert und fruchtbar. Wurzeln nutzen die Regenwurmgänge, um in die Tiefe zu gelangen. (Fotos: T. Rauschen li., A. Don re.)

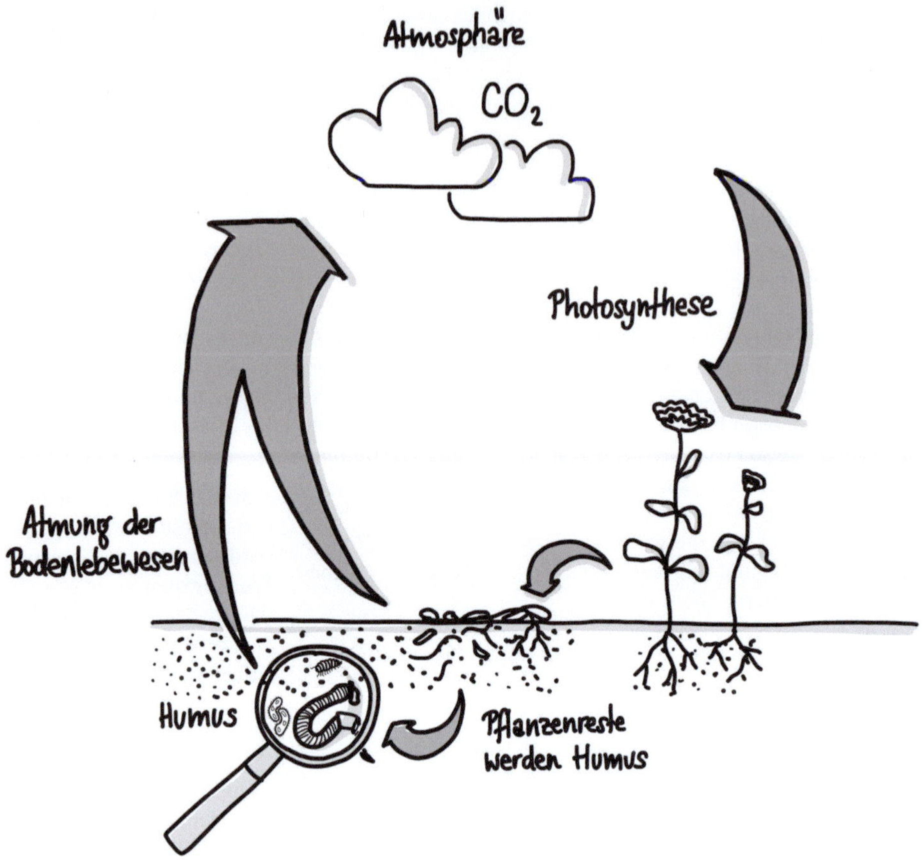

Abb. 1.8 Kohlenstoffkreislauf: Kohlendioxid (CO_2) in der Atmosphäre wird von Pflanzen aufgenommen und der Kohlenstoff in ihre Biomasse eingebaut (Photosynthese). Abgestorbene Pflanzenreste werden zu *Humus* im Boden, der zur Hälfte aus Kohlenstoff besteht. *Humus* wird von Bodenlebewesen gefressen und zu Kohlendioxid veratmet. (Grafik: Andrea Wendt)

wachsen, findet sich der *Humus* vor allem im obersten Bodenbereich, dem Oberboden (die obersten 10 bis 30 cm). Dabei entstehen „Bodenschichten", die sich in Aussehen und Eigenschaften (z. B. Humusgehalt) voneinander unterscheiden. Diese Schichten nennt man *Horizonte*. Jeder *Bodentyp* hat seine charakteristischen *Horizonte* (siehe Themenbox „Boden-ABC" in Kap. 3).

Bodenbildende Prozesse

Um die Bodenentwicklung zu verstehen, muss man verstehen, welche Prozesse in einem Boden ablaufen. Diese Entwicklungsprozesse lassen die Bodenhorizonte entstehen. Was sind das alles für Prozesse?

- Humusakkumulation ist der Prozess, der mit Beginn der Bodenbildung stattfindet. Es ist die allmähliche Anreicherung von *Humus* im Boden. *Humus* prägt den obersten *Horizont* maßgeblich und beeinflusst seine Fruchtbarkeit (Kap. 2).
- Verbraunung ist ein Prozess der chemischen Verwitterung. Eisenhaltige Verbindungen werden aus dem *Ausgangsmaterial* des Bodens gelöst und zu Eisenrost umgewandelt. Verbraunung lässt den Bodenhorizont bräunlich werden (Kap. 3).
- Tonauswaschung geschieht nur bei ganz bestimmten Säurebedingungen im Boden (*pH-Werten*). *Tonminerale* aus dem Oberboden werden mit dem Sickerwasser in den Unterboden ausgewaschen (Kap. 4).
- Säurebleichung ist die Auswaschung von Eisenverbindungen und *Humus* in sauren sandigen Böden. Dadurch werden Bodenhorizonte hell und bleich (Kap. 3).
- Pseudovergleyung und Vergleyung sind die Verwandlung von Eisenverbindungen zu Eisenrost oder anderen Eisenverbindungen durch den Einfluss von Stau- und Grundwasser. Dabei entstehen bunte Muster und Strukturen im Boden (Kap. 6).
- Verlehmung ist ein Prozess, bei dem *Tonminerale* neu gebildet werden und der Boden immer feinkörniger wird. *Tonminerale* entstehen aus Bestandteilen der Gesteine oder Sedimente, die durch chemische Verwitterung aus ihnen herausgelöst wurden (Kap. 3).
- Versumpfung ist ein Prozess, bei dem aus relativ trockenen Böden Moore entstehen. Wenn zu viel Wasser im Boden ist, können die Bodentiere nicht mehr ihre Arbeit verrichten und Pflanzenreste abbauen. Pflanzenreste reichern sich an und bilden schließlich Torf (Kap. 7).

In jedem Boden gibt es einen oder mehrere Prozesse, die die Bodenentwicklung dominieren. Diesen dominierenden Prozessen folgend werden die Böden eingeteilt und klassifiziert. Anhand des *Bodentyps* lässt sich also auf die bodenbildenden Prozesse schließen. Allerdings weiß man dadurch nicht direkt wie der Boden aussieht. Ein und derselbe *Bodentyp* kann nämlich sehr unterschiedlich aussehen, obwohl die gleichen Prozesse dort ablaufen. In den folgenden Kapiteln wird diese Vielfalt der Bodentypen anhand vieler Bodenprofile sichtbar (Abb. 1.10).

Abb. 1.9 Pflanzenreste wie Stroh werden untergepflügt und finden sich hier noch als Strohlage in 20–25 cm Tiefe im unteren Teil des Pflughorizonts. Die wendende Bodenbearbeitung mit dem Pflug hat die obersten 25 cm des Bodens einfach umgedreht. Jetzt finden Bodenlebewesen nicht nur an der Bodenoberfläche, sondern auch eingearbeitet im Boden Nahrung und bauen die Pflanzenreste zu *Humus* um. (Foto: T. Rauschen) ◄

1.3 Was Böden für uns leisten

Mit rund 17 Mio. ha wird fast die Hälfte der Fläche Deutschlands landwirtschaftlich genutzt. Genauer gesagt sind es 35 % Ackerland, 14 % Dauergrünland und ein halbes Prozent Sonderkulturen wie Wein und Obstplantagen. Global gesehen sind nur 12 % der Landflache ackerbaulich nutzbar. Landwirtschaftliche Böden sind ein wertvolles Gut, wenn es um die Ernährung der Weltbevölkerung geht – und auch aus anderen Gründen, wie dieser Abschnitt zeigt.

Böden ernähren uns

1960 konnten auf einem Hektar Ackerland in Deutschland durchschnittlich 3,6 t Weizen geerntet werden. Heute sind es durchschnittlich rund 8 t. Trotz dieser enormen Produktivitätssteigerung in der Landwirtschaft bleibt Deutschland ein Nettoimportland für Agrar- und Ernährungsgüter. 2023 überstieg die Einfuhr den deutschen Agrarexport um 12 Mrd. €. Rund 60 % aller in Deutschland konsumierten Agrarprodukte müssen importiert werden. Gleichzeitig exportiert Deutschland aber

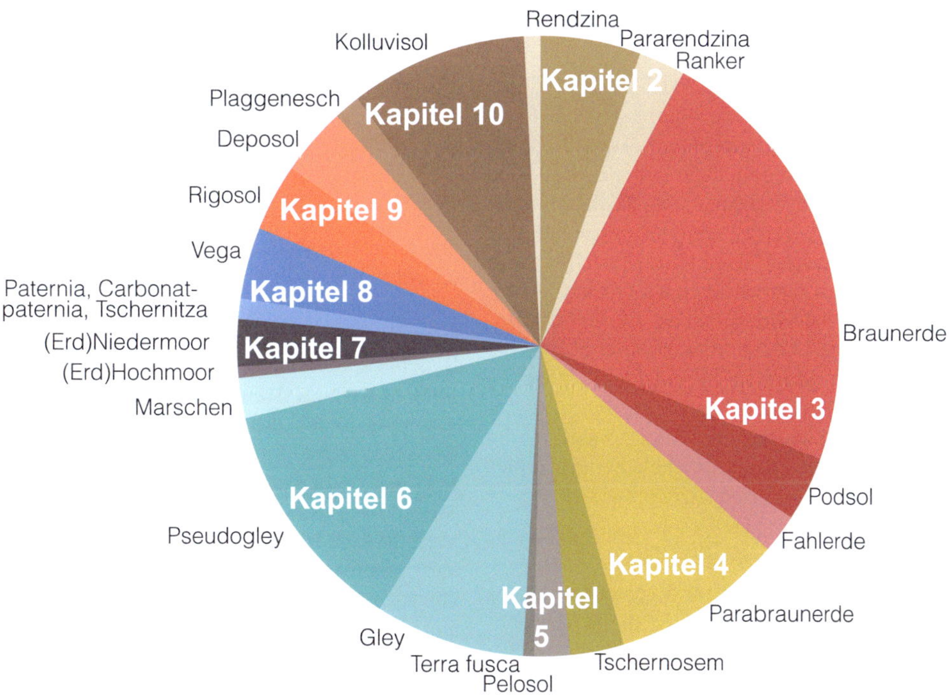

Abb. 1.10 Dieses Diagramm zeigt die Buchkapitel mit ihren verschiedenen *Bodentypen*. Die Flächenanteile des Kreises spiegeln die Häufigkeitsanteile der *Bodentypen* wieder, wie sie in deutschen landwirtschaftlich genutzten Böden vorkommen. (Quelle: Bodenzustandserhebung Landwirtschaft, Thünen-Institut)

auch viele Agrarprodukte. Für den Anbau der Nahrung eines deutschen Durchschnittsbürgers wird eine Fläche von 3520 m^2 benötigt. Das ist ungefähr die Größe eines halben Fußballfeldes. So reichen die 17 Mio. ha landwirtschaftliche Fläche in Deutschland für unsere Nahrungsmittelproduktion nicht aus. Sie könnten theoretisch nur 58 Mio. der 84 Mio. Bundesbürger ernähren (Abb. 1.11). Die fehlenden Flächen liegen oft in wärmeren Regionen, weil nur dort Pflanzen wie Kaffee, Kakao oder bestimmtes Obst angebaut werden können.

Böden sind die Grundvoraussetzung für die Produktion von 90 % aller unsere Lebensmittel. Rund 60 % der landwirtschaftlich genutzten Flächen dient aber nicht direkt der Erzeugung unserer Nahrungsmittel, sondern nur indirekt über den Futteranbau. Die meisten pflanzlichen Produkte werden erst verfüttert, bevor sie als Fleisch- und Milchprodukte auf unseren Tisch kommen. Das verursacht einen großen Flächenbedarf. Durchschnittlich werden sieben Kalorien aus Pflanzenproduktion benötigt, um nur eine Kalorie tierischer Produkte herzustellen. Obendrein werden 18 % der deutschen Landwirtschaftsfläche heute zu Energiepflanzenproduktion genutzt, also eine Nutzungsform die nicht unserer Ernährung dient.

Ein nachhaltiger Umgang mit der Ressource Boden ist überlebensnotwendig, weil wir Boden nicht vermehren können. Der Agrarwissenschaftler Justus Liebig fomulierte dies schon 1845 pathetisch: „Die Beraubung der Länder an den Bedingungen ihrer (Boden-)Fruchtbarkeit bedingt ihren Untergang und die Erhaltung derselben ihre Fortdauer, ihren Reichtum und ihre Macht" (Quelle: Carl Fraas, Geschichte der Landbau- und Forstwissenschaft. 1865. S. 350, und Studien zur Geschichte der Produktivkräfte. Von Karl Lärmer. Akademie-Verlag, 1979).

Abb. 1.11 Die Ernte auf unseren Äckern reicht nicht, um uns mit unseren jetzigen Ernährungsgewohnheiten zu ernähren. (Foto: © Holger Weitzel/imageBROKER/picture alliance)

Boden ist Baugrund

Die Fruchtbarkeit jedes Bodens ist am Ende, wenn er durch Straßen versiegelt oder durch Gebäude überbaut wird. Rund 6 % der Böden Deutschlands sind bereits mit Asphalt, Beton und Ähnlichem für immer versiegelt. Jede Minute werden in Deutschland 430 m^2 Boden als Verkehrs- und Siedlungsfläche verbraucht, etwa 200 m^2 davon werden komplett versiegelt. Auf so einer Fläche ließe sich pro Jahr Weizen zur Herstellung von 6500 Brötchen anbauen. Jedes Jahr verlieren wir dadurch Böden zur Herstellung von jährlich 3,4 Mrd. Brötchen! Dieser hohe Bodenverbrauch ist in den letzten Jahren trotz erklärter politischer Absicht kaum gesunken. Oft sind es obendrein die fruchtbarsten Böden in den Randbereichen urbaner Zentren, die durch Versiegelung verloren gehen. Städte wurden oft dort gegründet, wo die Böden besonders gut sind. Neue Böden mit ähnlicher Fruchtbarkeit lassen sich künstlich kaum schaffen (Abschn. 9.2).

Böden sind Lebensraum

Eine Handvoll Mutterboden enthält mehr Lebewesen, als es Menschen auf unsere Erde gibt. Die meisten dieser Lebewesen sind mikroskopisch klein und deshalb mit dem bloßen Auge nicht sichtbar. Bakterien und Pilze bevölkern die wassergefüllten Poren und Ritzen im Boden. Auf der Erde leben mehr Bakterien im Boden, als es Sterne im Universum gibt. Es sind geschätzt 10^{30} Bakterien. Bakterien sind echte Überlebenskünstler. Sie können in einen Schlafzustand übergehen und eingekapselt über Monate und Jahrzehnte auf bessere Zeiten warten. So überleben sie auch in Böden, in denen kaum mehr Nahrung in Form von *Humus* vorhanden ist. Zum Beispiel in tieferen Bodenhorizonten oder dort, wo Hitze und Trockenheit das Bodenleben schwer machen. Diese Fähigkeit ist im Boden besonders wichtig, denn Böden können im Sommer austrocknen, sehr heiß werden und im Winter gefrieren. Die schier unendliche Anzahl an Mikroorganismen sorgt im Boden für die Stoffumsetzung und treibt damit die Kreisläufe an (Abb. 1.8). Nicht nur die Menge der Lebewesen ist beeindruckend, sondern auch deren Vielfalt. Eine halbe Million verschiedener Arten können in nur einer Handvoll Boden vorkommen. Von fast allen diesen Arten können wir bisher nur erahnen, welche Funktion sie in Böden und im ganzen Ökosystem haben.

Böden können das Klima schützen

Humus besteht zu etwas mehr als der Hälfte aus Kohlenstoff. Global wird mehr als doppelt so viel Kohlenstoff als *Humus* im Boden gespeichert wie sich Kohlenstoff in Form von CO_2 in der Atmosphäre befindet. Auch in der Biomasse von Pflanzen, z. B. im Holz von Bäumen, steckt Kohlenstoff, aber global nur halb so viel wie im Bodenhumus. Durch den globalen Kohlenstoffkreislauf sind diese *Kohlenstoffspeicher* miteinander verbunden (Abb. 1.8). Pflanzen nehmen das Kohlendioxid durch die Photosynthese beim Wachsen auf und als abgestorbene und umgebaute Pflanzenreste landet Kohlenstoff dann als *Humus* im Boden (Abb. 1.9). So entlastet jede Tonne Humuskohlenstoff die Atmosphäre vom Treibhausgas Kohlendioxid. Deshalb ist *Humus* wichtig für den Klimaschutz.

Humus, der durch die fortwährend stattfindenden Rodungen von Wäldern (z. B. in den Tropen) verloren geht, wird zu Kohlendioxid und trägt zur Klimaerwärmung bei. Unabsehbar sind auch die Folgen des Auftauens der nordischen Permafrostböden. Dort sind mehr als die Hälfte der globalen Humusvorräte und etwa 1600 Mrd. t Kohlenstoff gespeichert. Tauen sie auf, gelangt dieser Kohlenstoff durch mikrobiellen Abbau in Form von Treibhausgasen in die Atmosphäre. Umgekehrt könnte eine Erhöhung der globalen Humusvorräte um nur 4 Tausendstel pro Jahr alle menschengemachten Treibhausgasemissionen kompensieren. Seit 2015 gibt es eine internationale Initiative, die sich der Förderung von *Humus* verschrieben hat (4-Promille-Initiative: https://www.4p1000.org, letzter Zugriff 31.03.2025). Eine Erhöhung der globalen Humusvorräte um 4 Promille ist aber eine theoretische Überlegung, denn praktisch lassen sich die globalen Humusvorräte nur sehr begrenzt erhöhen. Umso wichtiger ist es, die bestehenden Humusvorräte zu schützen. Dies geschieht durch den Erhalt von Wäldern, Mooren und auch von Grünland, welches viel Humuskohlenstoff speichert.

Böden als Archiv

Böden haben meist Jahrtausende auf dem Buckel und diese haben Spuren hinterlassen. Was in keinem Buch und Archiv zu finden ist, lässt sich aus den Böden ablesen: Archäologische Artefakte können in Böden über Jahrtausende erhalten bleiben (Kap. 2). Immer wieder stoßen Landwirte bei ihrer Feldarbeit z. B. auf Scherben, die vielleicht aus einem frühzeitlichen Grab stammen (Kap. 10). Auch das Klima und die Vegetation aus vergangenen Jahrhunderten hinterlassen Spuren in Böden, z. B. in Form bestimmter *Bodentypen* oder als Pollen im Moor (Kap. 7). In Lössablagerungen (Kap. 4) lässt sich ablesen, wann es zu wärmeren Phasen während der *Eiszeiten* kam. In diesen Warmphasen kam Vegetation auf und es entwickelten sich Böden, die später wieder verschüttet wurden.

Wie aufwendig Menschen ehemals kargen Boden Nahrung abgerungen haben, lässt sich bis heute im Boden erkennen. Um bestimmte Böden fruchtbar zu machen, wurden sie in Schwerstarbeit mit Pflanzenresten und Stallmist gedüngt (Kap. 10). Böden können deshalb wie ein Buch gelesen werden, das alte Geschichten enthält. Man muss, um es lesen zu können, erst einmal die Sprache des Bodens lernen. Die nächsten Kapitel bieten dazu den Einstieg.

2 Wenn der Boden fast fehlt

Pararendzina (Foto: S.Evertsbusch)

Welcher Boden verbirgt sich hier auf diesem Hang am Rande des Thüringer Beckens?

A. Don, R. Prietz, *Unsere Böden entdecken*, https://doi.org/10.1007/978-3-662-71765-3_2

Junge Bodenbildung

Nach dem Ende der letzten *Eiszeit* vor rund 10.000 Jahren zogen sich die Gletscher aus dem jetzigen Gebiet von Deutschland zurück. Seitdem entwickeln sich Böden bei uns neu. Die Gletscher hatten alle früheren Böden weggehobelt. Selbst da, wo die Gletscher nicht hinreichten, lagerten sie in den Gletschervorfeldern meterdick Steine, Sand und anderes Material ab und begruben damit alle alten Böden. Auch im Mittelgebirge ließen die *Eiszeiten* alte Böden als *Fließerden* davonrutschen oder vom Eiswind davonpusten. Mit 10.000 Jahren sind unsere Böden im weltweiten Vergleich nicht mehr ganz jung. Sie sind aber auch keine Greise.

Normalerweise sind Böden mehrere Dezimeter bis wenige Meter tief. Gräbt man tiefer, stößt man auf das *Ausgangsmaterial*. Das ist das Gestein oder lockere Material, aus dem sich die Böden entwickelt haben. Nicht alle Böden sind so tief und weit entwickelt. Etwa 9 % der landwirtschaftlich genutzten Böden bei uns bestehen nur aus einem dünnen Oberboden von wenigen Zentimetern. Diese Böden sind kaum entwickelt, sie sind noch ganz jugendlich. Warum ist das so? Warum sind diese Böden nicht genauso tiefgründig und weit entwickelt wie die meisten anderen Böden bei uns?

An einigen Orten war viel weniger Zeit für die Bodenentwicklung. In den Hochlagen der Alpen beispielsweise haben sich die Gletscher erst in den letzten 150 Jahren zurückgezogen. Seit dem Ende der sogenannten Kleinen *Eiszeit* in der Mitte des 19. Jahrhunderts sind die Alpengletscher viele Hundert Meter abgeschmolzen. Das ehemalige Gebiet der Gletscher ist das neue Gebiet für die Bodenentwicklung. Es beginnt der Prozess, mit dem jeder Boden seine Entwicklung begonnen hat. Das freigelegte Gestein wird durch physikalische und chemische Prozesse zerkleinert: die Verwitterung. Frost sprengt das Gestein auseinander und zerkleinert es physikalisch. Flechten und erste Pflanzen siedeln sich an und produzieren organische Säuren, die zusammen mit der natürlichen Kohlensäure chemisch die Verwitterung vorantreiben (Abschn. 1.2). Die Gesteinsteilchen werden im Laufe der Jahrhunderte und Jahrtausende immer kleiner und bilden den Feinboden. In geschützten Lagen sammelt sich so eine immer mächtiger werdende Feinbodenschicht an, die von höheren Pflanzen und Kleintieren besiedelt wird. Aus den abgestorbenen Pflanzen und Bodentieren bildet sich *Humus*, der Wasser und Nährstoffe speichern kann und zusammen mit den mineralischen Partikeln neue Bodenhorizonte formt.

Böden zurück auf null gesetzt

Solche Böden, bei denen der Boden fast völlig fehlt, findet man nicht nur in den Alpen. Die Bodenentwicklung kann auch wieder auf null zurückgesetzt werden, wenn der ursprüngliche Boden zerstört wurde. Dies kann durch Menschenhand geschehen, z. B. im Tagebau oder in Steinbrüchen, wo die Böden abgetragen wurden. Nach dem Ende der Bergbau- und Steinbruchtätigkeit und einer Renaturierung beginnt die Bodenentwicklung wieder mehr oder weniger von vorne (siehe auch Abschn. 9.2).

Meist ist es aber die *Erosion*, die den vorhandenen Boden an Hängen im Laufe der Zeit oder mit einem Schlag bei Hangrutschungen durch Abtragung zerstört. Der sich bildende Feinboden kann durch Starkregen weggeschwemmt werden oder er wird durch den Wind einfach fortgeblasen. Zurück bleiben meist steinige, flachgründige Böden mit nur begrenzter Eignung für die landwirtschaftliche Nutzung. Verbreitet sind sie an Hängen, Rücken und Kuppen der Mittelgebirge und dort, wo es Kalkgestein gibt. Auch ohne Störung der Bodenentwicklung gibt es auf Kalkgestein meist nur flachgründige Böden (Abschn. 2.1). Sie sind einfach Langsamentwickler, die mehr Zeit benötigen als andere.

Abb. 2.1 Trockenrasen im Nordschwarzwald mit wildem Thymian. Solche artenreichen Wiesen bilden sich auf flachgründigen, steinigen Böden. (Foto: R. Prietz)

Ein Standort für Spezialisten

Für die Landwirtschaft sind die flachgründigen Standorte weniger ertragreich, unter anderem, weil sie nicht viel Wasser speichern können. Das heißt aber nicht, dass sie wertlos sind. Im Gegenteil: Hier können sich Pflanzenarten behaupten, die auf tiefgründigeren Böden mit mehr Wasserspeicherleistung der Konkurrenz unterlegen sind. Es sind Trockenheitsspezialisten, die sich besonders auf Wiesen durch ihre schönen Blüten auszeichnen und viele seltene Insekten anlocken und diese wiederum Vögel und seltene Reptilien. Hier wachsen zum Beispiel Feldthymian, Enzian, Silberdistel oder Küchenschelle sowie zahlreiche Orchideenarten. Die sich entwickelnden Trockenrasen zählen zu den artenreichsten landwirtschaftlichen Flächen in unseren Breiten (Abb. 2.1). Viele dieser trockenen Wiesen haben durch eine intensive landwirtschaftliche Nutzung mit Bodenveränderungen (*Melioration*) und Düngung ihren ehemaligen Charakter und Artenreichtum teilweise oder ganz verloren und gehören, wo sie noch erhalten sind, zu den laut Bundesnaturschutzgesetz besonders geschützten Biotopen.

Die flachgründigen Böden werden eingeordnet, je nachdem, ob sie aus stark kalkhaltigem *Ausgangsmaterial* (Abschn. 2.1) oder mäßig kalkhaltigem *Ausgangsmaterial* (Abschn. 2.2) oder kalkfreiem *Ausgangsmaterial* (Abschn. 2.3) entstanden sind.

Steine wollen ans Licht

Neben Äckern entlang von Hecken und *Knicks* kann man manchmal Haufen von Steinen finden, die der Landwirt dort zusammengetragen hat. Sie stammen aus dem Ackerboden und schon mancher Landwirt ist an ihnen verzweifelt: Die Steine scheinen auf dem Acker zu wachsen und sich zu vermehren, obwohl er sie jedes Jahr absammelt (Abb. 2.2). Sie werden nicht weniger.

Tatsächlich gibt es ein rätselhaftes Phänomen, das Steine im Ackerboden an die Oberfläche bringt. Es nennt sich Frosthub, was bedeutet, dass Steine aus dem Boden „herausfrieren". Mit dem ersten Frost frieren Steine als erste im Boden fest. Unter ihnen entstehen Hohlräume, die sich mit Eis füllen. Diese Eislinsen verhindern, dass der Stein wieder nach unten sacken kann. Während ringsum der Boden wieder auftaut und sackt, bleibt der Stein wie auf einer Säule im Erdreich stehen. Wenn die Eislinse unter dem Stein auftaut, gelangt aufgetautes Bodenmaterial von der Seite unter den Stein und er kann nicht mehr an seinen ursprünglichen Ort zurücksacken. So wandert er Jahr für Jahr ein Stückchen nach oben. Besonders in Regionen mit vielen Frost-Auftau-Zyklen im Winter, wird der Landwirt also jedes Jahr wieder sammeln gehen müssen.

Die über Jahrhunderte hinweg gesammelten Steine bilden Haufen oder Wälle am Feldrand, sogenannte Lesesteinhaufen. Sie werden von Tieren wie Eidechsen oder Igeln als Lebensraum und Versteck genutzt. Gesammelte Steine am Feldrand werden allerdings immer seltener, sodass sie als gefährdete Biotope eingestuft sind. Lesesteinhaufen sind quasi ein Kulturdenkmal und legen Zeugnis ab von der harten Arbeit auf dem Land, bevor die entsprechenden Maschinen Einzug hielten, die heute Steine vom Acker sammeln können und abtransportieren.

Abb. 2.2 Dieser Acker auf der Hochfläche der Schwäbischen Alb im Zollernalbkreis hat extrem viele auch große Steine. Durch Frosthub und durch das Pflügen sind diese Steine an die Oberfläche gebracht worden. Eine flachgründige Rendzina ist hier zu finden. (Foto: Reiner Enkelmann/Wikimedia Commons, Creative Commons BY-SA 3.0. DE)

2.1 Rendzina – die Steinreiche

Ein quengeliger Boden

„Viel Steine gab's und wenig Brot" – ein Acker voller weißer Steine und dazu oft keine großen Ernten, das zeichnet die Rendzina aus. Rendzinen sind Böden, die aus einer dünnen Krume (Oberbodenhorizont) mit hohem Steinanteil bestehen. Schon in wenigen Zentimetern Tiefe trifft man auf das Ausgangsgestein, genauer Kalk-, Gips- oder Dolomitgestein. Trotzdem werden diese Böden auch beackert. Das Geräusch, das entsteht, wenn die Steine am Pflug entlang schaben, hat der Rendzina ihren Namen eingebracht: Rendzina kommt vom polnischen Wort *rzędzić*, was auf Deutsch so viel heißt wie nörgeln, quengeln oder quatschen. Das schabende Geräusch der vielen Steine am Pflug erweckt beim Bauern den Eindruck, dass der Boden ständig herumnörgelt und ihn vollquasselt.

Aus dem Meer abstammend

Vor 150 Mio. Jahren (Jura) hatte das Meer eine Ausdehnung, wie sie uns heute kaum möglich erscheint. Bis auf kleine Teile Bayerns, dem Erzgebirge und dem Rheinischen Schiefergebirge war ganz Deutschland Teil eines riesigen warmen Meeres. Aus den Überresten der in diesem Meer lebenden Tieren und Pflanzen sind Kalksteine geworden, die je nach ihrer chemischen Zusammensetzung unterschiedlich hart sind und damit unterschiedlich schnell verwittern. Die härtesten waren Riffe aus Schwämmen (oft zu Dolomitgestein umgewandelt) und konnten der Verwitterung länger trotzen als die als Schlamm am Meeresgrund abgelagerten Kalke. Ehemalige Schwammriffe bilden heute Rücken und Kuppen sowie flachgründige Hänge in der Landschaft der deutschen Mittelgebirge, besonders in der Schwäbischen und Fränkischen Alb und in den Alpen. Das Kalkgestein ist zwar nicht sehr verwitterungsresistent, trotzdem entwickeln sich Rendzinen nur sehr langsam weiter. Kalkgestein löst sich gut in saurem und kaltem Wasser und wird so mit dem Sickerwasser ausgewaschen. Dadurch bleibt nicht viel Material übrig, aus dem sich ein Boden entwickeln kann. Rendzinen sind deshalb echte Langsamentwickler (Abb. 2.3).

Abb. 2.3 Diese Rendzina ist aus Jurakalk der Schwäbischen Alb im Landkreis Heidenheim entstanden. Unter einem 18 cm mächtigen humosen Oberboden steht bereits der Kalkstein an. Dieser verwittert allmählich physikalisch und chemisch von oben nach unten. Bis in 40 cm Tiefe findet sich in den Gesteinsspalten toniges Verwitterungsmaterial, vermischt mit *Humus*. (Foto: W. Hölzer)

Abb. 2.4 Diese Rendzina hat sich aus dem harten Kalkgestein des Oberen Muschelkalkes im thüringischen Weimarer Land gebildet. Ab 20 cm Tiefe gibt es fast nur noch Steine. Auf diesem Boden werden trotz der geringen Bodenmächtigkeit Getreide und Raps angebaut. Die Pflanzen leiden aber in trockenen Jahren schnell unter Wassermangel. (Foto: M. Dinter)

Nährstoffreich und wasserarm

Was Rendzinen auszeichnet, ist ein sehr humoser krümeliger Oberboden, auf den der steinige Untergrund folgt (Abb. 2.4) Durch den Kalk und den *Humus* sind diese Böden recht nährstoffreich. Der Kalk verhindert, dass der Boden versauert (Kap. 3), und er liefert und bindet Nährstoffe. Es herrschen günstige Bedingungen für viele Bodenbewohner wie Regenwürmer. Sie sorgen dafür, dass sich reichlich *Humus* und eine krümelige Bodenstruktur bilden.

Doch die gute Nährstoffversorgung genügt nicht allein für ein optimales Wachstum der Pflanzen. Begrenzender Faktor ist hier das Wasser. Die Böden können nur wenig Wasser speichern, und die Pflanzen geraten bei fehlendem Niederschlag schnell in *Trockenstress*. Die Folgen sind geringere Erträge bei Getreide und anderen Kulturen. Eine der wenigen Pflanzen, die auf den flachgründigen Rendzinen bei uns kaum unter Wassermangel leidet, ist der Wein (Abb. 2.5). Die Wurzeln der mehrjährigen Weinstöcke können mit ihren Wurzeln in Spalten und Klüften des Kalkgesteins viele Meter tief vordringen und so die Feuchtigkeit in der Tiefe erschließen und nutzen.

Abb. 2.5 Weinstöcke können gut auch auf steinigen, flachgründigen Böden wie Rendzinen oder Lockerranker wachsen, wie hier an der Mosel im Landkreis Bernkastel-Wittlich. (Foto: R. Prietz)

Archäologische Konservierung: Durch Kalk vor dem Verrosten geschützt

Nicht nur das Gestein im Boden verwittert und wird zerkleinert. Auch archäologische Schätze aus Holz oder Metall überdauern oft nur wenige Jahrhunderte und gehen dann für immer verloren, weil sie verrostet, zerkleinert und vermodert ein unkenntlicher Teil des Bodens wurden. In den aus Kalkgestein gebildeten Böden, wie den Rendzinen, ist das aber anders. Kalk besitzt die Fähigkeit, Säuren zu neutralisieren. Durch die Ausbildung einer Kalksinterschicht können metallene Gegenstände vor der Vernichtung durch Verrosten geschützt werden. Kalksinter sind an Oberflächen ausgefällte Kalkablagerungen, die wie eine Schutzschicht wirken. Römische Münzen oder andere Artefakte haben also in Rendzinen oder in anderen kalkhaltigen Böden eine Chance, Jahrhunderte bis Jahrtausende zu überdauern.

Die Rendzinen am Harzhorn am westlichen Harzrand bei Seesen bewahrten 1400 römische Schuhnägel, 130 Katapultbolzen (Abb. 2.6), Speerspitzen, Münzen, ein Kettenhemd sowie eiserne Hufschuhe (Hipposandalen) vor dem Verrosten. Sie sorgten im Jahr 2008 für einen Sensationsfund und Nachweis für einen germanischen Überfall auf einen Zug von mehreren römischen Legionen. Kalksteine im Boden haben wesentlich dazu beigetragen, dass Säuren abgepuffert wurden und so Metallgegenstände und auch Knochen aus der Römerzeit besonders gut erhalten blieben. Selbst das Skelett eines in einer Grube steckenden halben Pferdes oder Maultiers der Römer wurde 1800 Jahren nach der Schlacht dort ausgegraben. Dass römische Legionen soweit in den Norden vorgestoßen sind, war vor der Entdeckung dieser Funde nicht für möglich gehalten worden.

Abb. 2.6 Römische Katapultbolzen aus Eisen sind in Rendzinen seit 1800 Jahren am Westrand des Harzes (Harzhorn) erhalten geblieben und zeugen von einer Römerschlacht mit den Germanen. (Foto: Ingeborg Simon, Braunschweigisches Landesmuseum/Wikimedia Commons, Creative Commons BY-SA 3.0. DE)

2.2 Pararendzina – die Lockere

Wenn die Kalkgehalte des Ausgangsgesteins unter 75 % liegen entwickeln sich Pararendzinen. Wie der Name sagt, existiert die Pararendzina neben der Rendzina als eigener Bodentyp (*para* = neben, bei). Gemeinsam hat sie mit der Rendzina die geringe Entwicklung und den Kalk im Boden, doch dieser liegt bei der Pararendzina zwischen 2 und 75 %. Ein häufiges typisches *Ausgangsmaterial* für Pararendzinen ist Löss (Kap. 4), aber auch aus *Mergel*, kalkhaltigem Schotter, verlagertem Kalkstein (Abb. 2.7 und 2.8) oder Bauschutt entstehen Pararendzinen. Der *Mergel* wurde meist durch die Eismassen der Gletscher während der *Eiszeiten* zu uns transportiert (Geschiebemergel). Er ist eine Mischung aus Ton, *Schluff*, Sand und Kalk.

Eigentlich dürfte es Pararendzinen bei uns kaum geben. Sie müssten seit der letzten *Eiszeit* genug Zeit gehabt haben, sich zu Braunerden (Abschn. 3.1) oder Parabraunerden (Abschn. 4.1) weiter zu entwickeln. 10.000 Jahre reichen normalerweise aus, um tiefgründiger entwickelte Böden entstehen zu lassen als die Pararendzinen, die nur einen *Horizont* über dem *Ausgangsmaterial* haben. Allerdings hat die *Erosion*, z. B. durch Starkregenereignisse, an vielen Stellen die Bodenentwicklung zurückgeworfen oder wieder ganz auf null gesetzt. So findet man heute auf 5 % unserer landwirtschaftlichen Flächen Pararendzinen, das entspricht einer Fläche von 900.000 ha. Besonders in erosionsgefährdeten Hanglagen ist so manche Parabraunerde wieder zu einer Pararendzina geschrumpft (s. Themenbox *Erosion* in Abschn. 10.2). Aber es gibt auch Pararendzinen, die noch nicht genügend Zeit hatten, sich zu anderen *Bodentypen* weiter zu entwickeln: Auf dem Trümmerschutt des Zweiten Weltkriegs in den Städten haben sich versteckt unter dünnem Gestrüpp und geringer Vegetation (Ruderalflur) Pararendzinen entwickelt.

Pararendzinen sind in der Regel sehr fruchtbar und meist tief durchwurzelbar. Das meist lockere *Ausgangsmaterial* macht das möglich. Nur wenn sie zu steinig sind, kann Wassermangel für die Pflanzen auftreten. Pararendzinen aus *mergeligem* Ton bilden in Rheinhessen ideale Weinstandorte. In Sachsen-Anhalt und Thüringen sind Pararendzinen aus Löss sehr ertragreiche Ackerstandorte.

Abb. 2.7 Diese Pararendzina in Thüringen hat sich aus Kalkstein des Oberen Muschelkalkes entwickelt. Dieser ist viel älter ist als der Jurakalk der Schwäbischen oder Fränkischen Alb (237 Mio. Jahre). Der Kalkstein ist hier bereits größtenteils zu grünlichem Ton verwittert und hat nur noch einen Kalkanteil von 30 %. Viel Kalk wurde bereits mit dem Sickerwasser ausgewaschen. Der Ton hat sich als *Fließerde* hangabwärts bewegt und ist deshalb von vielen Steinen durchsetzt. (Foto: M. Dinter)

Abb. 2.8 Bei dieser Pararendzina hat sich der verwitterte Kalkstein ebenfalls als *Fließerde* abwärts bewegt und dabei mit verbraunten Bodenmaterial vermischt, das aus einer Braunerde stammt. Daher spricht man hier von einer Braunerde-Pararendzina. Dieser Boden findet sich im Landkreis Bamberg in Bayern. (Foto: T. Rauschen)

2.3 Ranker – der Jugendliche

Felsranker – Böden am Hang

Dort, wo fester Fels und Gestein keinen oder kaum Kalk enthalten, entwickelt sich ein junger Boden, der Felsranker genannt wird. Der Felsranker hat, wie die Rendzina und die Pararendzina, nur einen einzigen entwickelten Bodenhorizont über dem Ausgangsgestein: eine dünne Lage aus Feinmaterial mit *Humus* angereichert (Abb. 2.9). Der Name Felsranker kommt aus dem Österreichischen: Rank heißt Steilhang oder Berghalde. Dieser Boden würde sich bald schon zu einer Braunerde weiter entwickeln, wenn er nicht regelmäßig wieder am Steilhang abrutschen oder abgeschwemmt werden würde. Während Rendzinen auch an ebenen Standorten auftreten, weil sie sich so langsam entwickeln, gibt es Felsranker nur dort, wo die Bodenentwicklung immer wieder zurückgesetzt wird.

Felsranker können sich aus verschiedenen Gesteinen entwickeln, z. B. aus Ton-, *Schluff-* oder Sandstein. Diese Gesteine sind aus Sedimenten entstanden, die in einem Urmeer abgelagert wurden und sich durch hohe Drücke zu Steinen verfestigt haben. Teilweise können sie mehrere Hundert Millionen Jahre alt sein. Aufgrund hoher Seitendrücke ist die Erdkruste an vielen Stellen in Bewegung geraten und die ursprünglich horizontal abgelagerten *Sedimentgesteine* wurden gekippt und schräggestellt (Abb. 2.10). Das *Ausgangsmaterial* ist beim Felsranker nur wenig verwittert und es finden sich Steinbrocken auch im Oberboden.

Boden für Bergwiesen

Die Ertragsfähigkeit des Felsrankers ist nur gering. Steinreiche Äcker sind nichts Wünschenswertes. Die Durchwurzelung des Bodens wird durch Steine behindert und so leidet der Ertrag und selbst Bäume haben es schwer, sich tiefer mit den Wurzeln festzuhalten. Auf dem Acker verschleißen Steine die Maschinen, mit denen der Boden bearbeitet und mit denen geerntet wird. Lesesteinhaufen an den Feldrändern sind Zeugen des großen Arbeitseinsatzes, um den Steinen Herr zu werden (siehe Themenbox Steine wollen ans Licht am Anfang dieses Kapitels). Aufgrund des fehlenden Kalkgehaltes sind diese Standorte oft versauert und nährstoffarm. Es gibt jedoch auch nährstoffreiche Gesteine, wie zum Beispiel Basalt und Glimmerschiefer, auf denen sich nährstoffreiche Ranker bilden. Auch bei diesem *Bodentyp* ist Wasser der begrenzende Faktor. Man findet Fels-

Abb. 2.9 Dieser Boden findet sich an einem Hang am Rande des Odenwaldes im Landkreis Darmstadt-Dieburg. Der Hang hat eine Neigung von 15° und wird heute als Grünland genutzt. Verwitterter Sandstein mit vielen Steinen ist als eiszeitliche *Fließerde* hangabwärts gerutscht und nacheiszeitlich wahrscheinlich *erodiert*. Es hat sich ein Übergangsbodentyp gebildet, ein Braunerde-Ranker. (Foto: B. Schemschat)

Abb. 2.10 Dieser flachgründige Boden, ein Felsranker, befindet sich an einem flachen Hang im Hochsauerland in Nordrhein-Westfalen. Unter dem 25 cm mächtigen ehemaligen Pflughorizont folgt direkt das anstehende Gestein: ein Wechsel von Grauwacken und Tonschiefer. Der einstige Ackerstandort wird heute wegen geringer Erträge und schwerer Bodenbearbeitung nur noch als Weide genutzt. (Foto: M. Dinter)

ranker im Mittel- und Hochgebirge, wie im Harz, Bayerischen Wald oder Sauerland, wo sie meist extensiv als Grünland genutzt werden oder sie sind bewaldet. Sie machen weniger als ein halbes Prozent der landwirtschaftlichen Fläche in Deutschland aus, sind hier also eine Seltenheit und erinnern daran, wie die meisten Böden bei uns einmal angefangen haben: als dünne Schicht mit vielen Steinen.

Lockerranker – die dünne Decke

Das *Ausgangsmaterial*, aus dem sich ein Boden entwickelt, muss nicht immer ein festes Gestein sein wie ein Fels. In weiten Teilen Norddeutschlands finden sich *eiszeitliche* Ablagerungen, die alle nicht zu Gestein verfestigt sind: Sande mit mehr oder weniger vielen Gesteinsbrocken dazwischen, die sich nach dem Abschmelzen der Gletscher abgelagert haben. Aus diesen Sedimenten entsteht ein Boden, der Lockerranker heißt, solang er noch jung und wenig entwickelt ist. Früher nannte man den Lockerranker Regosol. Der Name leitet sich vom griechischen Wort *rhegos* ab, was „Decke" bedeutet. Die Decke ist der dunklere, humusreiche Bodenhorizont im Oberboden, der sich über dem *Ausgangsmaterial* befindet. Im Bodenprofil sieht man die klare Zweiteilung des Bodens in einen humosen Oberboden und den direkt darunter liegendem *Ausgangsmaterial* in kaum veränderter Form (Abb. 2.11 und 2.12).

Lockerranker können sich auch aus stark zersetzen Gesteinen bilden, sogenannten Schuttdecken. Auch hier ist der Feinboden über dem verwittertem Gestein meist wegerodiert (Abb. 2.13).

Störungen erhalten den Lockerranker

Lockerranker sind junge Böden. Wenn die Bodenentwicklung ungestört laufen würde, hätten sich Lockerranker in unseren Breiten längst zu Braunerden oder Podsolen weiterentwickelt. Lockerranker finden sich also überall dort, wo in Hanglagen *Erosion* die Bodenentwicklung immer wieder zurückwirft (siehe Themenbox Winderosion am Kapitelende und in Kap. 10 Themenbox Wassererosion) oder wo der Mensch direkt eingreift und zum Beispiel den Boden wegbaggert oder auf Truppenübungsplätzen mit schwerem Gerät immer wieder zerstört. Auch Dünen an der Küste oder im Binnenland können jung sein und deshalb finden sich auch dort junge Lockerranker (siehe Themenbox Dünen in Kap. 3).

Landwirtschaftliche Nutzung trotz schlechter Eigenschaften

Lockerranker, die aus Sanden entstanden sind, bieten den darauf wachsenden Pflanzen nur wenige Nährstoffe. Nährstoffe können in diesem Boden auch kaum gebunden und gespeichert werden, sondern versickern mit dem durchströmenden Wasser schnell in den Untergrund. Dort können sie das Grundwasser mit Schad-

Abb. 2.11 Ein Lockerranker aus dem Emsland. Der reine Sand ist ein typisches *Ausgangsmaterial*, aus dem Lockerranker hervorgehen, nachdem sich eine humose Oberbodenschicht gebildet hat. Bis 50 cm Tiefe erkennt man eine schwache Braunfärbung des sandigen Ausgangmaterials (Verbraunung). Hier ist die Bodenentwicklung schon weiter fortgeschritten und es hat sich ein Übergangsbodentyp gebildet, ein Braunerde-Lockerranker. (Foto: T. Rauschen)

Abb. 2.12 Ein Lockerranker gebildet aus *eiszeitlichen Schmelzwassersanden* in der Uckermark in Brandenburg. Bis 25 cm Tiefe ist der Boden stark humos und kann bis dahin viele Nährstoffe und Wasser speichern. Das ändert sich darunter jedoch wesentlich: Der grobe Sand unterhalb 25 cm Tiefe kann kaum Wasser speichern, und der Boden trocknet bei Regenmangel schnell aus. (Foto: T. Kurth)

stoffen, zum Beispiel *Nitrat*, belasten. Die Bodenporen, die Bodenwasser festhalten sollen, sind im sandigen Lockerranker so groß, dass das Wasser nicht gegen die Schwerkraft gehalten werden kann und schnell versickert. Wasser kann also auch nicht gespeichert werden. Häufig müssen solche Standorte beregnet werden, um befriedigende Erträge zu liefern.

Durch ständiges Einarbeiten von Ernteresten und organischem Dünger wie Stallmist und Kompost kann der Humusgehalt erhöht, und damit die Fruchtbarkeit solcher Standorte verbessert werden. Der *Humus* bindet viele Nährstoffe und erhöht die Wasserspeicherfähigkeit des Bodens. Immerhin können Lockerranker aus Sand durch das lockere Ausgangssubstrat tief durchwurzelt werden und sind gute Standorte für Kartoffeln und Spargel (siehe auch Abschn. 9.1).

Abb. 2.13 Ein Lockerranker aus dem Landkreis Lippe in Nordrhein-Westfalen. Scharf grenzt sich der Pflughorizont (0–30 cm Tiefe) vom darunter liegenden locker gelagerten Tonstein ab. Wasser, das in den Tonsteinschichten unterhalb 30 cm Tiefe gespeichert wird, verbessert den Wasserhaushalt des steinigen Standortes, wird aber durch die schwere Durchwurzelbarkeit kaum von den Pflanzen erreicht. (Foto: T. Rauschen)

Winderosion

„Dutzende Autos rasten bei einer Massenkarambolage auf der Autobahn 19 bei Rostock ineinander und brannten aus. Nach Polizeiangaben kamen mehrere Menschen ums Leben, viele wurden verletzt". Diese Meldung konnte man im April 2011 in allen Zeitungen lesen. Ursache für diesen schweren Unfall waren durch den Wind aufgewirbelte Staubteilchen, die den Autofahrern die Sicht nahmen. Damit dies geschehen konnte, mussten mehrere ungünstige Bedingungen gleichzeitig eintreten: Der sandige Boden war nach niederschlagsarmen Wochen ausgetrocknet. Der starke Wind hatte auf den großen landwirtschaftlichen Schlägen in einer ausgeräumten Landschaft ohne Baum und Heckenstrukturen eine große Angriffsfläche. Eine schützende Pflanzendecke fehlte zudem, weil die Ackerkulturen wie Mais und Rüben im Frühjahr noch zu klein waren.

Bei der Winderosion werden größere Teilchen wie Sandkörner durch Rollen und Springen fortbewegt. Kleinere Teilchen wie *Schluff* können in höhere Luftschichten gelangen und mit dem Wind weit weggetragen werden, zum Teil viele Hundert Kilometer (Abb. 2.14). Besonders betroffen sind die Lockerranker und Parabraunerden Nordostdeutschlands (Abschn. 4.1), da hier der Tonanteil im Boden, der den Zusammenhalt der Bodenteilchen fördert, in tiefere *Horizonte* ausgewaschen wurde. Die fruchtbare Feinbodendecke der Äcker wird so immer flacher. An anderen, windberuhigten Stellen gehen die feinen Bodenteilchen wieder zu Boden und es können sich Dünen bilden (Themenbox Dünen in Kap. 3).

Abb. 2.14 *Erosion* auf einem Acker in Baden-Württemberg. Durch die Bodenbearbeitung bei großer Trockenheit und Wind werden feine Bodenteilchen aufgewirbelt und weggetragen. Boden geht dadurch verloren. (Foto: S. Evertsbusch)

Wenn der Boden sauer wird

3

Braunerde (Foto: M. Dinter)

Welcher Boden findet sich hier unter dieser Wiese in Bayern?

A. Don, R. Prietz, *Unsere Böden entdecken*, https://doi.org/10.1007/978-3-662-71765-3_3

Alter macht sauer

Es ist der Gang der Geschichte eines fast jeden Bodens: Je älter er wird, desto saurer wird er. Schuld daran ist der Regen, der im Boden versickert. Er nimmt damit die Stoffe aus dem Boden mit, die vor Versauerung schützen und Säuren abpuffern. Böden aus Kalkgestein können der natürlichen Versauerung lange trotzen. Kalk hält den *pH-Wert*, das Maß für die Versauerung, bei sieben im neutralen Bereich. Böden können also nicht versauern, solange sie Kalk enthalten. Die Säuren geben sich aber nicht geschlagen und lösen den Kalk auf, sodass er langsam immer weniger wird und mit dem Sickerwasser davongetragen wird.

Sauer macht erst braun und dann weiß

Sehr alte Böden, wie sie zum Beispiel in den Tropen zu finden sind, aber auch humusarme, kalkfreie Sandböden in unseren Breiten, haben dem natürlichen Versauerungsprozess nur wenig entgegenzusetzen. Ein sichtbares Zeichen für die Versauerung im Boden ist die Verbraunung. Als Verbraunung wird ein Vorgang im Boden bezeichnet, bei dem eisenhaltige *Minerale* wie Olivin oder Biotit durch chemische Verwitterung im Bodenwasser gelöst werden und mit Sauerstoff reagieren (*oxidieren*). Die daraus entstehenden *Oxide* (Eisenrost) geben dem Boden eine rötlich braune Färbung. Der Extremfall des Versauerungsprozesses ist die sogenannte Podsolierung. Die Eisenoxide, die bei der Verbraunung entstehen, werden instabil und können sich nicht mehr im Oberboden halten. Sie werden dann mit dem sauren Sickerwasser in die tieferen Bodenbereiche verlagert und es bleibt ein bleicher sehr saurer oberer Bodenhorizont zurück.

Der Angriff der Säuren

Damit der Boden so sauer wird, dass er regelrecht ausbleicht, muss schon einiges zusammenkommen. Meist hat auch der Mensch seinen Beitrag dazu geleistet, zum Beispiel durch die Baumartenwahl im Wald oder die Bodennutzung. Denn Säuren kommen aus den Pflanzen in den Boden. Die meisten Nadelbäume aber auch Heidekraut haben Blätter bzw. Nadeln, die bei ihrer Zersetzung viele Säuren abgeben. Zusätzlich kommen Säuren mit dem Regen und Nebel in den Boden. Im Regen gelöst sind auch Säuren aus Industrie- und Verkehrsabgasen.

Hat der Boden keinen Kalk und zu wenig andere puffernde Substanzen wird er richtig sauer. Das ist häufig auf Sandböden der Fall. In einem stark versauerten Boden können auch Schadstoffe schnell ins Grundwasser versickern und dieses verunreinigen. Auf dem Acker sinken die Erträge und im Wald werden die Pflanzenwurzeln und die Bodenlebewesen geschädigt. Eine Abhilfe schafft die Kalkung dieser Böden, die auf dem Acker regelmäßig und teilweise auch im Wald durchgeführt wird. Da die Säuren den Kalk aber auch wieder auflösen, muss in regelmäßigen Abständen immer wieder aufgekalkt werden.

3.1 Braunerde – der Klassiker

Der Schulbuchboden

Die Braunerde ist der Muster- und Standardboden schlechthin und wird in Schulbüchern wegen seines ABC-Profils gerne angeführt (Abb. 3.1). A, B und C sind Symbole für die unterschiedlichen „Schichten" (Bodenzonen mit einheitlichen Merkmalen und Eigenschaften). Im Boden werden diese „Schichten" *Horizonte* genannt. A steht für den obersten Bodenhorizont, die Krume oder auch Mutterboden genannt. Von hier werden die Pflanzen hauptsächlich ernährt („bemuttert"), denn hier befinden sich die meisten Nährstoffe und in landwirtschaftlich genutzten Böden auch die meisten Wurzeln. Darunter ab etwa 20–30 cm Tiefe kommt der nächste *Horizont,* der B-Horizont, der auch Unterboden genannt wird. Das B steht für die Braunfärbung dieses *Horizontes*. Unterhalb des B-Horizonts folgt bei einer Braunerde der C-Horizont. Dieser besteht aus dem *Ausgangsmaterial*. Sobald er Anzeichen von Verwitterung aufweist und durch Pflanzenwurzeln erschlossen werden kann, zählt er ebenfalls zum Boden.

Braun durch Verwitterung

Der Prozess, der für die Braunerden charakteristisch ist, ist die „Verbraunung". Durch Verbraunung wird aus dem *Ausgangsmaterial*, dem C-Horizont, im Laufe der Zeit ein *B-Horizont*. Dabei entsteht die braune Färbung, die typisch für den B-Horizont einer Braunerde und namensgebend für den ganzen Boden (Abb. 3.5) ist. Typisch für die Bildung der Braunerden ist auch der Prozess der Verlehmung, bei dem aus verwittertem Gestein (Silikate) *Tonminerale* gebildet werden, die zu einer feineren *Korngrößenzusammensetzung* des Bodens führen. Der Boden wird lehmiger.

Boden-ABC

Jeder *Bodentyp* hat einen Namen erhalten und jeder Bodenhorizont einen Buchstaben (Abb. 3.1). Das ABC der Bodenhorizonte verrät welche Prozesse ihn zu dem gemacht haben, was er heute ist. Unsere Böden sind oft viele Tausend Jahre alt, und was sie erlebt haben, spiegelt sich in den Horizonteigenschaften wider. Zwanzig verschiedene Buchstaben werden benötigt, um die *Horizonte* der Böden zu untergliedern, angefangen bei A (Mutterboden) bis zu Y (durch Gase geprägter *Horizont* in Vulkangebieten oder Mülldeponien). Doch damit nicht genug. Vor und hinter diesen großen Buchstaben können zahlreiche kleine Buchstaben hinzugefügt werden, die detailliert verschiedene Eigenschaften des Bodenhorizonts in einem Symbol zusammenfassen. Ein Ap-Horizont z. B. ist ein Mutterboden (A), der regelmäßig gepflügt (p) wird. Ein verbraunter Bodenhorizont erhält ein kleines v, wie der Bv-Horizont der Braunerde (Abb. 3.1). Festgeschrieben ist dieses Bezeichnungs-ABC in der Bodenkundlichen Kartieranleitung. Das ist das in Deutschland gültige Regelwerk zur Beschreibung von Böden. Weil fast jedes Land andere Böden hat, hat auch fast jedes Land eine eigene Klassifizierung für Böden entwickelt. Die Welternährungsorganisation der Vereinten Nationen (FAO) hat versucht, dieses Durcheinander mit einer international einheitlichen Klassifikation zu lösen, mit der *World Reference Base for soils* (WRB, Weltreferenzbasis für Böden). Um sich international verständigen zu können, wird diese internationale Klassifikation genutzt. Sie ist in ihrer Einteilung gröber und anders strukturiert, um alle Böden dieser Welt einzuordnen. Der Vielfalt und den Feinheiten der Böden in Deutschland wird aber nur die deutsche Klassifikation gerecht, das ABC für deutsche Bodenkundler.

Abb. 3.1 Dieses Profilbild zeigt die Horizontierung einer Braunerde. Der Mutterboden (A-Horizont) hat eine Mächtigkeit von 30 cm und erhält ein kleines „p" als Zusatz, weil es sich um einen gepflügten A-*Horizont* eines Ackers handelt. Darunter befindet sich der B-Horizont, der durch Verwitterung eine braune Farbe erhalten hat. In 45 cm Tiefe beginnt das verwitterte *Ausgangsmaterial* (C-Horizont), der die Zusatzbuchstaben „v" für verwittert und „m" erhält, weil es sich um ein massives, also festes Gestein handelt. Alle *Horizonte* werden also bei der Bodenkartierung noch genauer durch das Hinzufügen weiterer Kleinbuchstaben charakterisiert. (Foto: T. Rauschen)

Kapitel 3

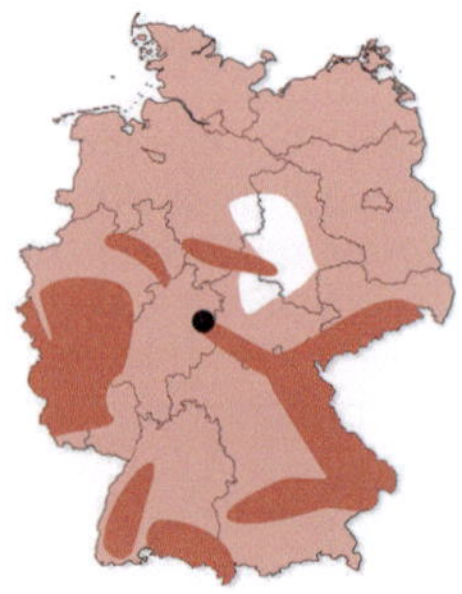

Abb. 3.2 Bei dieser Braunerde aus dem hessischen Landkreis Fulda folgen auf den Verbraunungshorizont (B-Horizont) in 50 cm Tiefe zwei unterschiedliche tonreiche *Fließerden* von graugrüner bis rötlicher Farbe, die teilweise ineinandergeflossen sind. Die verschiedenen Farben der *Fließerden* entstanden durch die unterschiedliche Mineralzusammensetzung der Ausgangsgesteine. Das grau-grüne Gestein entstand unter sauerstoffarmen Bedingungen im Wasser, während das rötliche Gestein *oxidierte* Mineralien enthält, die nur bei ausreichend Sauerstoff entstehen. (Foto: T. Rauschen)

Boden mit verschiedenen Gesichtern

Eine Braunerde kann sehr verschieden aussehen (Abb. 3.2, 3.3, 3.4, 3.5, 3.6, 3.7). Sowohl ihre Farbe als auch die Mächtigkeit des verbraunten *Horizontes* ist sehr variabel. So sehen Braunerden, die sich aus dem roten Gestein des Buntsandsteins bilden, eher rötlich aus (Kap. 1, Abb. 1.2). Braunerden aus dunklem Tonschiefer haben einen tiefdunklen B-*Horizont* (Abb. 3.7). Sandreiche Ausgangsgesteine mit geringeren Eisenanteilen bilden eher blassbraune bis gelbliche Braunerden (Abb. 3.3). Ist viel *Humus* im B-Horizont enthalten, können sich dunkelbraune Humusbraunerden bilden. Manchmal ist der verbraunte *Horizont* nur 30 cm mächtig, manchmal 1 m. Es gibt häufig Übergänge zu anderen *Bodentypen*. So bilden sich unter Wassereinfluss Pseudogley- oder Gley-Braunerden oder mit fortschreitender Versauerung Podsol-Braunerden.

Die Braunerde ist der *Bodentyp*, der in Deutschland mit Abstand am häufigsten vorkommt. Er findet sich auf 23 % der landwirtschaftlich genutzten Flächen (3,9 Mio. ha) (Abb. 1.10). Bis auf die Lössregionen nördlich, östlich und südlich des Harzes ist die Braunerde in ganz Deutschland mehr oder weniger oft zu finden. Häufig ist sie im Bereich der deutschen Mittelgebirge vom Sauerland bis zum Bayerischen Wald und vom Harz bis zum Schwarzwald. Sie kommt aber auch in Norddeutschland vor. In den Mittelgebirgen bilden sich Braunerden aus einem Gemisch aus verwittertem *Ausgangsmaterial* und Löss. Dieses Gemisch ist als 60–80 cm mächtiges Schlamm-/Gesteinspaket während der Auftauphasen innerhalb der *Eiszeiten* auf gefrorenem Untergrund die Hänge langsam heruntergeflossen. Man nennt es deshalb *Fließerde*.

Braunerden sind meist Böden von mittlerer Qualität. Es gibt aber auch Braunerden, die aus der Verwitterung nährstoffreicher Gesteine wie Basalt oder den tonreichen Substraten des Buntsandsteins entstanden sind. Diese Böden sind sehr ertragsreich und können gleichzeitig viel Wasser speichern. Die Eigenschaften von Braunerden und damit auch die Möglichkeiten der Nutzung hängen stärker als bei anderen *Bodentypen* vom *Ausgangsmaterial* der Bodenbildung ab. Meistens sind Braunerden aber gut zu bearbeiten und haben im Unterboden meist einen *pH-Wert* im stark bis mäßig sauren Bereich (pH 4 bis 6).

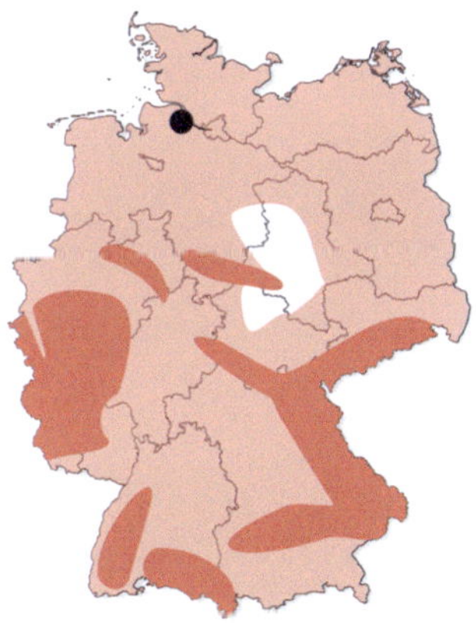

Abb. 3.3 Diese Braunerde im Landkreis Stade in Niedersachsen hat sich aus *eiszeitlichen* Sanden gebildet. Im eher blassen Verbraunungshorizont (30–70 cm Tiefe) erkennt man einen Granitstein, der durch die *eiszeitlichen* Gletscher von Skandinavien dorthin transportiert wurde. Ganz deutlich unterscheidet sich der gepflügte, humose Oberbodenhorizont (0–30 cm Tiefe) von den darunter liegenden *Horizonten*. (Foto: M. Dinter)

Abb. 3.4 Hier im Landkreis Prignitz in Brandenburg hat sich ein Übergangsbodentyp zwischen einem Pseudogley (Abschn. 6.2) und einer Braunerde gebildet: eine Pseudogley-Braunerde. Unterhalb des verbraunten *Horizontes* ab 48 cm Tiefe, staut sich Regenwasser über einer dicht lagernden *eiszeitlichen* Lehmschicht (*Geschiebelehm*) in 70 cm Tiefe. Deutlich wird dies an der marmorierten, gescheckten Färbung. (Foto: T. Kurth)

Abb. 3.5 Eine klassische Braunerde in Mittelsachsen, gebildet aus Lösslehm und Verwitterungsmaterial von Gneisen. Der verbraunte B-Horizont findet sich in 31–54 cm Tiefe unterhalb eines gepflügten Oberbodenhorizonts (Ap). (Foto: N. Bischoff)

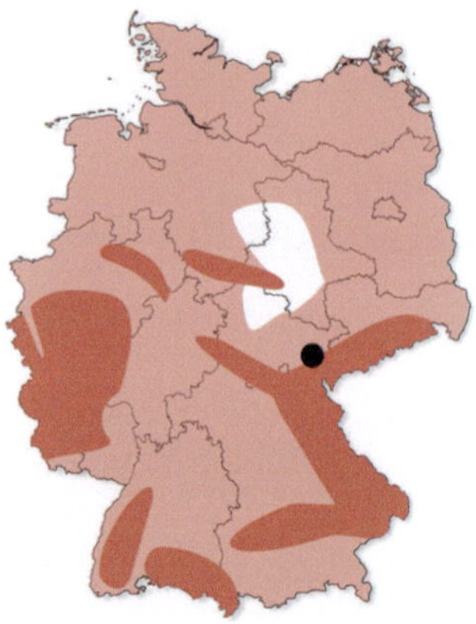

Abb. 3.6 Bei dieser Braunerde im thüringischen Saale-Orla-Kreis ist Lösslehm über verwitterten Kalkstein (unterhalb 58 cm Tiefe) geflossen. Der Lösslehm ist bis in 58 cm Tiefe kalkfrei, sodass der Versauerungsprozess mit Verbraunung einsetzen konnte und sich ein Bv-Horizont in 29–58 cm Tiefe ausgebildet hat. (Foto: T. Rauschen)

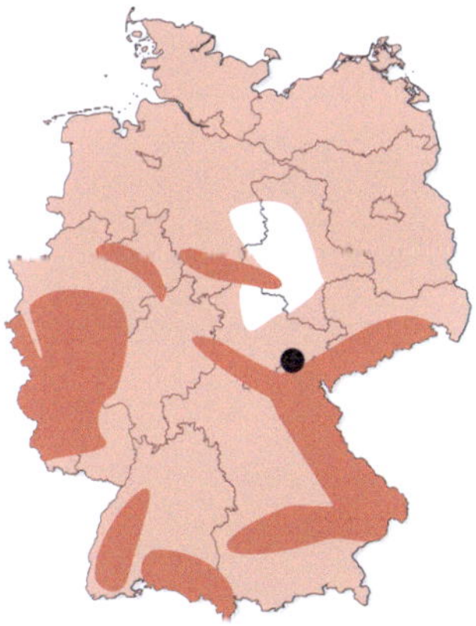

Abb. 3.7 Eine Braunerde aus dem Landkreis Saalfeld-Rudolstadt in Thüringen. Sie ist aus verwittertem Tonschiefer entstanden. Der Verbraunungshorizont in 25 bis 50 cm Tiefe ist stark geprägt durch die Eigenfarbe des Tonschiefers. (Foto: S. Evertsbusch)

3.2 Podsol – der bunte Hund

Vom Säureangriff gezeichnet

Der Podsol hat den Kampf gegen die Angriffe der Säuren verloren. Die Säuren stammen aus dem *Humus* und auch aus dem Regenwasser, und sie greifen die Substanz des Bodens an. Die meisten Böden gewinnen den Kampf, indem sie die Säuren abpuffern und neutralisieren und damit unschädlich machen. Dies machen sie als Erstes, indem der im Boden enthaltene Kalk die Säuren neutralisiert wobei er sich auflöst. Ist der Kalk weg, springen die *Tonminerale* ein, die säurepuffernde Substanzen (*basische* Kationen) gespeichert haben und diese in den Kampf schicken. Das alles ist im Podsol nicht mehr vorhanden.

Podsole entstehen aus sandigen Sedimenten, Sandstein oder anderem Gestein, in denen ohnehin schon kein Kalk und kaum *Tonminerale* vorhanden sind – die Gegenwehr ist also schwach. Dazu kommt der extrastarke Angriff der Säuren durch besondere Pflanzen. Die Nadeln von Nadelbäumen und die Blättchen der Heide enthalten viel Säure, die sich in einer Streuschicht auf dem Boden sammelt. Wenn es ausreichend regnet, werden die Säuren aus der Streuschicht in den Boden gewaschen, wo sie die wenigen *Tonminerale* angreifen und zerstören. Übrig bleiben weiße gebleichte Sandkörner in einem Bleich- oder Auswaschungshorizont. Dieser *Horizont* besitzt eine aschgraue Färbung und gibt dem Boden seinen Namen. Podsol bedeutet auf Russisch „Ascheboden".

Aschgrau und bleich wird zum Glück nur ein Teil des Bodens in einem *Horizont*, der bis in etwa 40 cm Tiefe zu finden ist (Abb. 3.8, 3.9, 3.10). Die von Säuren gelösten *Oxide* und der *Humus* gehen nicht ganz verloren, sondern können ein paar Dezimeter tiefer gestoppt und aufgehalten werden. Dort findet man einen besonders bunt orange-gelb-rot gemusterten *Horizont* in dem die Eisenoxide sich wiederfinden. Direkt darüber oder vermischt liegt ein besonders dunkler *Horizont*, der durch Verlagerung und Auswaschung von *Humus* entstanden ist (Abb. 3.8 und 3.9). Der Podsol wird durch diese verschiedenfarbigen *Horizonte* ein unverkennbarer Boden – ein bunter Hund. Die mit Eisen und *Humus* angereicherten *Horizonte* können im Extremfall so hart und dicht werden, dass sie kaum noch Wasser durchlassen und auch für Wurzeln undurchdringlich werden. So können richtige Gesteinslagen (Ortstein) in Böden entstehen, die ursprünglich völlig steinfrei waren.

Abb. 3.8 Podsol in Niedersachsen in der Grafschaft Bentheim. Deutlich erkennbar ist der für einen Podsol typische graue Auswaschungshorizont zwischen 30 und 40 cm Tiefe, gefolgt von einem dunklen *Horizont* bis in 70 cm Tiefe, in dem die oben ausgewaschenen Eisen- und Humusanteile aufgefangen und angereichert wurden. (Foto: S. Evertsbusch)

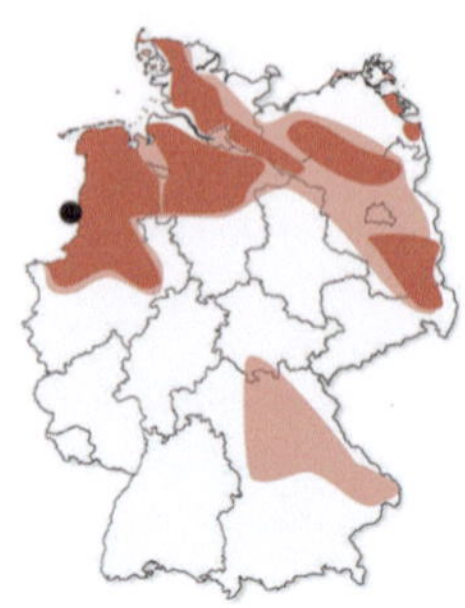

Abb. 3.9 Ein klassischer Podsol in Nordfriesland mit der typischen Farbabfolge grau-schwarzbraun-rostrot. Die graue Färbung des oberen *Horizontes* wird durch die regelmäßige Beackerung und dadurch Durchmischung dunkler als in einem ungestörten Auswaschungshorizont. Hier ist also der dunkle humusreiche Oberbodenhorizont mit dem Auswaschungshorizont vermischt worden. (Foto: B. Schemschat)

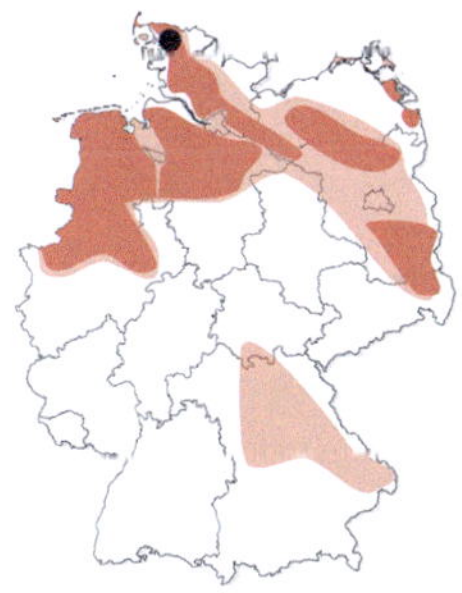

Sauer und arm

Böden, die arm an *Tonmineralen*, *Humus* und Nährstoffen sind, können extrem sauer werden. Der *pH-Wert* liegt dann unter 3. Es handelt sich meist um sandige Standorte, die vor der jetzigen Ackernutzung mit Wald bestockt waren oder um vegetationsarme Dünenlandschaften oder Heiden. Die meisten Podsole findet man in Norddeutschland auf den sandigen Sedimenten, die die *Eiszeiten* zurückgelassen haben. Doch hier hat oft auch der Mensch seine Finger im Spiel, weil er nicht nur Wald rodete (für Bergbau und Salinen), sondern auch noch Oberbodenteile (*Bodensoden*) und damit den *Humus* auf vielen Flächen abstach und auf die wenigen Ackerflächen brachte (Plaggenwirtschaft, Abschn. 10.1). Die wenigen Nährstoffe des Bodens wurden so noch abtransportiert und übrig blieb die Heidevegetation. Seit dem 19. Jahrhundert wurden diese Flächen vielfach mit Kiefer aufgeforstet, die nur geringe Anforderungen an die Nährstoffversorgung stellt. Podsole sind bei uns das Endstadium der Bodenentwicklung. Wenn dem Boden alles geraubt ist, selbst *Humus* und Eisenoxide ausgewaschen sind, bleibt nur noch der blanke Sand mit dem Podsol.

Trotz allem gut nutzbar

Podsole haben durch die sandige *Textur* kaum Fähigkeiten, Wasser und Nährstoffe zurückzuhalten und zu speichern. Bei der Bodenbewertung (Abschn. 4.2) bekommen sie die niedrigsten Bewertungen hinsichtlich potenzieller Fruchtbarkeit. Der Landschaftraum in Norddeutschland, in dem sich viele Podsole befinden, heißt „Geest". Geest kommt aus dem Niederdeutschen und heißt unfruchtbar. Trotzdem werden die Podsole heute mit guten bis sehr guten Erträgen landwirtschaftlich genutzt. Dies ist möglich durch den Einsatz von Dünger und Kalk, Beregnungsanlagen und, wenn es nötig war, durch *Tiefpflugen*, um verdichtete Ortsteinschichten zu durchbrechen (Abschn. 9.1). Während früher auf diesen Standorten nur der säuretolerante Roggen angebaut wurde, findet man heute mit Kartoffel, Mais, Gerste und Spargel (Abschn. 9.1) eine große Anbauvielfalt. Gleichzeitig ist auf Podsol-Standorten die Gefahr besonders hoch, dass Nährstoffe wie *Nitrat* und auch *Pestizide* ins Grundwasser ausgewaschen werden. Aber auch die Podsole selbst sind anfällig und gefährdet, besonders gegenüber Winderosion (siehe Themenbox in Abschn. 2.3).

Abb. 3.10 Neben der Podsolierung läuft in diesem Boden im Landkreis Ludwigslust-Parchim in Mecklenburg-Vorpommern ein weiterer Bodenbildungsprozess ab: Von unten kommend färbt das Grundwasser den Boden gräulich (siehe Abschn. 6.1). Es hat sich hier ein Gley-Podsol mit einem Bleichhorizont in 30–40 cm Tiefe und einem durch Eisenausfällung marmoriert-gescheckten *Horizont* im Schwankungsbereich des Grundwassers (40–70 cm Tiefe) gebildet. (Foto: M. Dinter)

Dünen wanderten durch Norddeutschland

Vor 250 Jahren waren weite Teile Norddeutschlands nur noch von spärlicher Heide bedeckt. Das war und ist dort keine natürliche Vegetation, sondern Ergebnis der menschlichen Übernutzung der Ökosysteme. Die Waldnutzung war so intensiv, dass sie besonders durch den steigenden Holzbedarf der Salinen zur Entwaldung wurde. Die entwaldeten Böden wurden durch Abplaggen der obersten Bodenschichten (siehe Abschn. 10.1) und durch Beweidung (Heideschnucken) weiter intensiv genutzt. So breiteten sich die Heiden aus. Wenn Böden zu oft abgeplaggt und beweidet wurden, konnte sich nicht einmal mehr die Heide dort halten und die Böden wurden vegetationsfrei. Ohne eine schützende Humusschicht waren diese sandigen vegetationslosen Böden ein leichtes Opfer der Winderosion. Die Winde wehten den Boden davon, und es bildeten sich Wanderdünen (Abb. 3.11), die in der ersten Hälfte des 18. Jahrhunderts ganze Dörfer und sogar die Stadt Celle zu begraben drohten. Im Urstromtal der Aller z. B. sind noch Reste dieser Wanderdünen zu finden.

Binnendünen gab es aber auch schon in einer Zeit, in der viele Teile Deutschlands auch ohne menschlichen Einfluss baumfrei und vegetationsarm waren: am Ende der letzten *Eiszeit*. Sandige Böden sind die Ausgangsbedingung für die Entstehung von Dünen wie sie in Norddeutschland, z. B. in der Lüneburger Heide, im Süden Brandenburgs aber auch im Oberrheingraben zwischen Raststatt und Mainz und vereinzelt in Franken zu finden sind. An der Küste sind die Dünenstreifen, wo sie noch erhalten sind, Hintergrundpanorama für Urlaubsfotos. Im Innenland sind die Dünen (Binnendünen) heute fast alle inaktiv. Die Kiefer ist die Baumart, die auf diesen sauren, nährstoffarmen Sanden gedeiht und zusammen mit Gräsern (wie der Drahtschmiele) und Kräutern (wie dem Sandthymian) den Boden festhält. Erst wenn diese Vegetation gerodet und entfernt ist, fangen die Dünen wieder an zu wandern. Eine der letzten aktiven Wanderdünen wandert südlich von Potsdam (Forst Zinna) auf einem ehemaligen sowjetischen Truppenübungsplatz. Soldaten holzten Bäume und Büsche ab und erweckten die Düne wieder zum Leben.

Abb. 3.11 Die letzte aktive Binnendüne in Deutschland bei Kloster Zinna in Brandenburg. Durch die Wanderbewegung der Dünen kommen immer wieder Munitionsreste und andere teilweise gefährliche Hinterlassenschaften zu Tage, die aus der Zeit als sowjetischer Truppenübungsplatz stammen. (Foto: Roy Dittmann/Wikimedia, Creative Commons BY-SA 3.0 DE)

Wenn aus Staub Böden werden

4

Parabraunerde (Foto: T. Hövelmann)

Welcher Boden verbirgt sich hier im Leinetal im Landkreis Hildesheim in Niedersachsen?

A. Don, R. Prietz, *Unsere Böden entdecken*, https://doi.org/10.1007/978-3-662-71765-3_4

Nacheiszeitlicher Flugstaub: Löss

Während der *Eiszeiten* waren große Teile Mitteleuropas weitgehend vegetationsfrei: Im Norden bedeckten die Eismassen des skandinavischen Schildes und im Süden Eis und Gletscher der Alpen die Bodenoberfläche (Abb. 4.1). Auf den eisfreien Flächen entwickelten sich bodenschützende Flechten und andere Pflanzen aufgrund der eisigen Temperaturen nur langsam. Die Nordsee war fast komplett trocken, da der Meeresspiegel viel niedriger lag. So gab es riesige vegetationsarme Flächen, die den starken Nord- und Westwinden schutzlos ausgesetzt waren. Die starken Winde bliesen feinen Sand und noch kleinere Teilchen kontinuierlich davon und transportierten diesen Staub über Hunderte von Kilometern. Man bezeichnet diesen Staub als Löss. Die Lösswolken sanken ab und sind bis heute in unseren Böden zu finden. Durch seine Herkunft aus trockengefallenen Meeresböden und den vegetationsarmen Kältewüsten enthält Löss Kalk, der zum Beispiel von Muschelschalen stammt. Dieser Kalk fördert das Bodenleben und das Pflanzenwachstum und macht Löss so wertvoll für den Gärtner und Landwirt, auch wenn der Kalk heute nur noch im tieferen Bodenhorizonten übrig geblieben ist. Wie wertvoll er ist, kann man auch in der Apotheke erfahren. Dort wird Löss als Heilerde verkauft. Das feine Lösspulver kann man mit Wasser verrührt als Heilmittel gegen Sodbrennen oder Reizdarm einnehmen.

Löss macht Böden fruchtbar

Gegen Ende der letzten *Eiszeit* vor 30.000 bis 15.000 Jahren bliesen die Winde Staub umher. Dieser Staub bestand kaum aus Sandkörnern, da diese zu schwer sind, und auch nicht aus den ganz feinen Tonpartikeln, da diese fest zusammenkleben und so am Untergrund haften. Der Lössstaub hat hauptsächlich eine mittlere *Korngröße*, die als Schluff bezeichnet wird und viele Vorteile von Sand und Ton vereint: In Löss kann viel Wasser gespeichert werden, Wasser kann gut einsickern und es kommt selten zu Stauwasser. Nährstoffe werden gut festgehalten, aber an die Pflanzenwurzeln auch wieder abgegeben. Die Böden sind „voll" wie eine Wanne und werden deshalb auch gerne als „Badewanne" bezeichnet. Böden aus Löss zählen weltweit zu den fruchtbarsten Böden.

Der Wind trieb den Lössstaub über die gesamte Norddeutsche Tiefebene hinweg bis an die nördlichen Ränder der Mittelgebirge. Dort bremsten die Berge den Wind ab und der Lössstaub konnte sich nicht mehr in der Luft halten. Teile der feinen Lösskörnchen sanken zu Boden und bildeten bis zu 2 m dicke Staubdecken. So entstand in Deutschland ein Lössgürtel, der sich nördlich der Mittelgebirge von der Magdeburger Börde über die Braunschweig-Hildesheimer Börde und die Soester Börde bis in die Aachen-Jülicher Börde erstreckt. Der Begriff „Börde" hat die gleiche Sprachwurzel wie „Bürde" und „tragen" und spielt auf die Fruchtbarkeit dieser Regionen an, in denen man eine große Ernte nach Hause tragen kann. Der Lössgürtel erstreckt sich über ganz Europa, von der Ukraine über Ungarn bis nach Belgien und Nordfrankreich. Weltweit bedeckt Löss etwa 10 % der Landoberfläche.

Ein Teil des Lössstaubs wurde auch über die Mittelgebirge hinweg transportiert und so wurde er auch dort flächendeckend abgelagert. Heute ist er allerdings nicht mehr in allen Böden zu finden. An Hängen kam es zu Rutschbewegungen, die die Lössdecken an den Berghängen abtrugen. Dabei vermischte sich der Löss mit anderem Bodenmaterial und blieb in den Tälern liegen. Im Mittelgebirge finden sich deshalb heute sehr verschieden dicke Lössdecken. Mächtige Lössablagerungen findet man z. B. im Kraichgau oder am Kaiserstuhl im Oberrheingraben.

Böden aus Löss

Verschiedene *Bodentypen* sind aus dem hellgelben bis ockerfarbenen Löss entstanden. In den sommertrockenen, kontinental geprägten Regionen konnte der Tschernosem entstehen, der wegen seiner besonderen Fruchtbarkeit der König unserer Böden ist. Dort, wo es feuchter war, bildeten sich Parabraunerden, die sich mit einsetzender Versauerung zu Fahlerden weiterentwickeln. Alle drei *Bodentypen* können sehr verschieden sein, wie die Bodenprofilbilder der Böden zeigen. Sie sind aber häufig aus dem gleichen Substrat entstanden, dem *eiszeitlichen* Lössstaub.

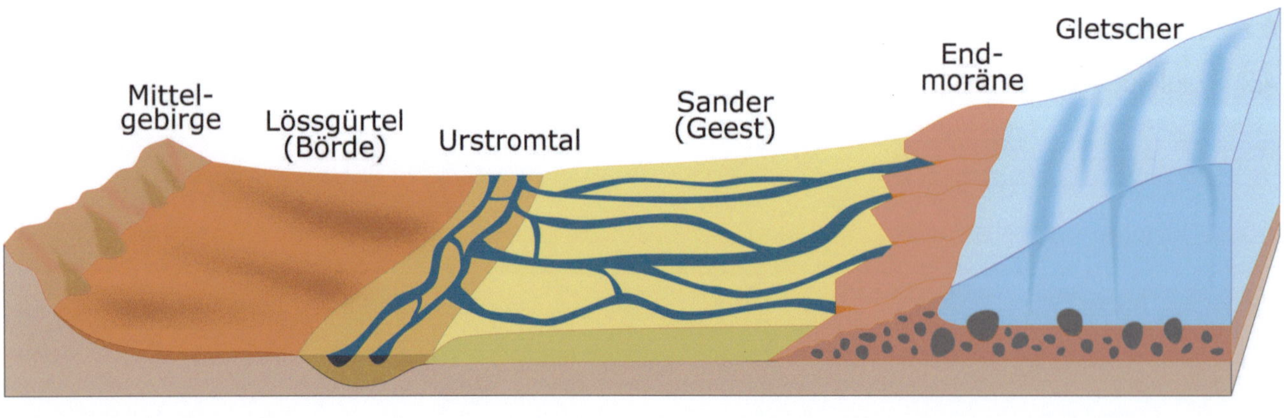

Abb. 4.1 Löss-Herkunft (Sander, Geest) und Ablagerungsregionen (Lössbörde) in Norddeutschland. (Grafik: Marcus Schiedung)

4.1 Parabraunerde – die sensible Fruchtbare

Parabraunerden gehören zu den fruchtbarsten Böden in Deutschland (Abb. 4.2 und 4.3). Man findet sie in dem Lössgürtel nördlich der Mittelgebirge von Sachsen bis in die Aachener Bucht und in den Tallagen der Mittelgebirge. Parabraunerden besitzen einen tonreichen *Horizont* im tieferen Bodenbereich, dem Unterboden. Durch das Sickerwasser wurden Tonpartikel in tiefere Bodenbereiche transportiert und schufen so ein zweifarbiges, häufig fleckiges Bodenbild. Der Oberboden hat Ton verloren (tonverarmt) und ist heller gefärbt, während sich im dunkler gefärbten Unterboden der Ton angereichert hat. In vielen Parabraunerden in Deutschland läuft dieser Prozess der Tonverlagerung (*Lessivierung*) heute immer noch ab und verändert so das Gesicht des Bodens von Jahr zu Jahr, Jahrhundert zu Jahrhundert und Jahrtausend zu Jahrtausend. Tonpartikel sind winzig kleine Plättchen (kleiner 0,002 mm), die normalerweise fest in der *Bodenmatrix* verankert sind. Nur unter bestimmten Bedingungen wird der Ton freigesetzt und kann mit dem Bodenwasser transportiert werden: Dafür darf der Boden nicht zu sauer sein, aber auch nicht zu *basisch*.

Hohe Fruchtbarkeit

Parabraunerden sind besonders fruchtbar, weil sie sehr viel Wasser speichern können, das dann für die Pflanzen zur Verfügung steht. Der Wasserspeicher des Bodens wird immer wichtiger, da es mit den Klimaveränderungen wahrscheinlich immer häufiger zu Sommertrockenheit kommen wird. Weizen und Zuckerrüben sind die traditionellen und am weitesten verbreiteten Ackerfrüchte auf diesen Böden. Hier werden gute bis sehr gute Erträge erzielt. Die Parabraunerde-Regionen nennt man in Norddeutschland Börden. In Süddeutschland heißen diese fruchtbaren Regionen Gäue. Das leitet sich wohl vom althochdeutschen für Landstrich ab.

Sensibler Boden

Parabraunerden sind besonders sensible Böden, die durch Regen schnell weggespült oder durch schwere Fahrzeuge stark verdichtet werden können. Daneben neigen sie zur Verschlämmung, wenn z. B. durch starken Regen Poren an der Bodenoberfläche durch Feinpartikel verstopft werden und sich nach dem Austrocknen Krusten bilden. Der Abtrag durch Wasser, Wassererosion genannt, betrifft besonders die Äcker. Im Grünland und im Wald schützt eine permanent vorhandene Pflanzendecke den Boden. Werden Pflanzen erst spät im Jahr angebaut, wie

Abb. 4.2 Eine Parabraunerde in der Region Hannover. Unter dem gepflügten dunkelbraunen humosen Oberboden findet sich zwischen 30 und 60 cm Bodentiefe ein aufgehellter Bereich, aus dem die Tonteilchen ausgewaschen wurden. Im darauf folgenden dunkleren Bodenhorizont hat sich der Ton wieder abgelagert. (Foto: M. Dinter)

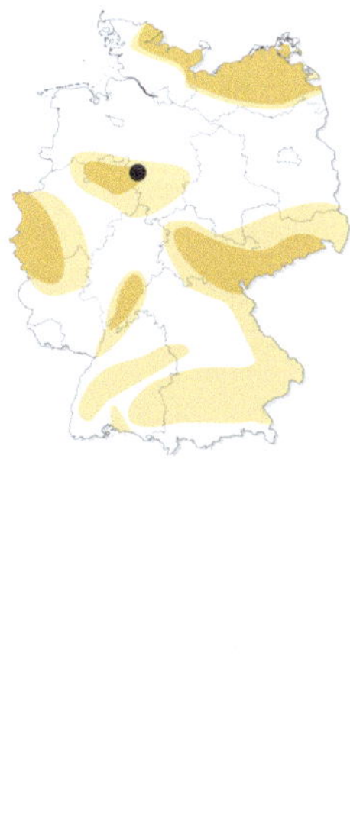

Abb. 4.3 Eine Parabraunerde im Landkreis Hagen in Nordrhein-Westfalen mit vielen Regenwurmgängen. Nur wenige Steine finden sich in einer Parabraunerde aus Löss. Der Boden wird auch dadurch zu einem riesigen Speicher für Wasser und Nährstoffe. (Foto: T. Rauschen)

z. B. Mais oder Rüben, erhöht sich die Erosionsgefahr. Die Flächen sind dann den Wasserkräften über einen längeren Zeitraum ohne schützende Pflanzen ausgesetzt. In den Mittelgebirgslagen können auf diese Weise pro Jahr mehrere Millimeter fruchtbarer Mutterboden weggeschwemmt werden. Im Laufe von 1000 Jahren Ackernutzung ergibt das mehr als einen Meter abgetragenen Boden. Übrig bleibt der oft wenig fruchtbare, tonreiche, dichte und humusarme Unterboden.

Regenwürmer fühlen sich hier wohl

Regenwürmer sind in der Lage, die dichter gelagerten *Horizonte* der Parabraunerde, in denen sich der ausgewaschene Ton abgelagert hat, zu durchdringen. Abb. 4.4 zeigt einige angeschnittene Regenwurmgänge. Würde man von oben auf einen dafür präparierten Quadratmeter Boden schauen, könnte man in Parabraunerden bis zu 700 solcher Gänge finden. Regenwürmer sorgen dafür, dass der für die Bodenfruchtbarkeit nötige *Humus* auch in den tieferen Boden gelangt. Auch Wurzeln nutzen die alten Regenwurmgänge gerne (Abb. 1.7).

Einige Regenwurmarten leben ihr ganzes Leben im gleichen Gang. Nachts, wenn sie die Sonne nicht mehr blendet, kommen sie nach oben an die Bodenoberfläche. Dort schlürfen sie Bakterienschleim und angerottetes Pflanzenmaterial zusammen mit mineralischen Bodenpartikeln. Tagsüber verschließen diese Regenwürmer die Röhre und ziehen sich in ihre Gänge zurück, um sich vor Austrocknung zu schützen.

Trocknet der Boden im Sommer von oben her aus, brauchen die Regenwürmer besonders tiefe Gänge. Sie ziehen sich dann in die noch feuchten kühleren Bereiche im Unterboden zurück.

Die Gänge der Regenwürmer sind für die Pflanzenwurzeln sehr wichtig. Sie ermöglichen es ihnen, an Wasser und Nährstoffe aus tieferen Bodenhorizonten zu gelangen. Zusätzlich bringen Regenwürmer mit ihrem Kot *Humus* in die Gänge, der für die Pflanze wichtige Nährstoffe zur Verfügung stellt. Auch kann Wasser durch die Regenwurmgänge besser in den Boden einsickern und entlang der Röhren schnell in tiefere Bodenbereiche gelangen. Regenwürmer werden auch als Ökosystem-Ingenieure bezeichnet, da sie die Bodenstruktur maßgeblich verändern und damit die Funktionen des Bodens beeinflussen. Ihre Gänge sind in Parabraunerden über sehr lange Zeit stabil.

Abb. 4.4 Regenwurmgänge in einer Parabraunerde. Bis zu 700 Regenwurmröhren kann man auf einem Quadratmeter Bodenoberfläche zählen. (Fotos: A. Don)

Kapitel 4

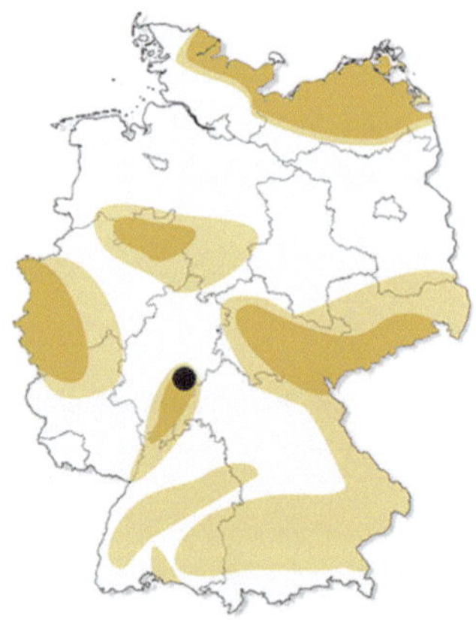

Abb. 4.5 Eine Pseudogley-Parabraunerde im hessischen Landkreis Vogelsberg. Durch Tonauswaschung (*Lessivierung*) und Toneinlagerung (besonders unterhalb von 50 cm Tiefe) kommt es zu einer Bodenverdichtung, die zu Wasserstaueffekten im Boden führt. Es bilden sich abhängig vom Sauerstoffgehalt Bleich- und Rostflecken (siehe dazu auch Kap. 6). (Foto: T. Hövelmann)

Wasserrückstau durch Tonverlagerung

Nicht selten führt die Tonverlagerung in einer Parabraunerde zu einer Verdichtung im Unterboden. Wasser kann dann nicht mehr ungehindert durch den Boden sickern und staut sich oberhalb des Bereichs der Tonanreicherung. In dem Stauwasserbereich kommt es zu Oxidations- oder Reduktionsprozessen (Abb. 4.5). Die Eisenanteile im Boden beginnen regelrecht zu „rosten" und hinterlassen marmoriert-gescheckte Muster. Mehr dazu im Kap. 6.

4.2 Tschernosem – der König

Ein Schatz aus der Vergangenheit

Die Tschernoseme sind die Könige der Böden, da sie in ihrer Fruchtbarkeit mit durchschnittlich 12 t Weizenertrag pro Hektar unübertroffen sind (Abb. 4.6). Der durchschnittliche Weizenertrag in Deutschland liegt bei rund 8 t. Tschernoseme können sehr gut Nährstoffe und Wasser speichern und sind robust gegenüber Starkregenereignissen. Sie werden kaum fortgeschwemmt, da ihre krümelige Struktur dies verhindert. Die Entstehung der Tschernoseme ist aber bis heute ein Rätsel, da in Mitteleuropa nirgends heute entstehende Tschernoseme zu finden sind. Tschernoseme sind ein Überbleibsel aus einer viele Tausend Jahre zurückliegenden Vergangenheit am Ende der letzten *Eiszeit*, als Vegetation und Klima bei uns noch ganz anders waren. Somit stellen sie ein Archiv der Klimageschichte dar. Vier Faktoren mussten zusammenkommen, damit sich diese besonderen Böden entwickeln konnten:

- Kalkreiches und lockeres *Ausgangsmaterial*: Löss war deshalb ein ideales Material für die Entstehung von Tschernosemen.
- Eine grasreiche Vegetation, die typisch für Steppen ist: Grasvegetation bringt viel Wurzelmasse in den Boden, die zum Humusaufbau beiträgt. Wenn das trockene Gras verbrannte, konnten Kohlstückchen in den Boden gelangen.
- Das Klima musste von kalten Wintern und trockenen Sommern geprägt sein (kontinentales Klima): In den trockenen Sommern und den kalten Wintern kam die Bodenaktivität zum Erliegen. So wurde *Humus* nicht abgebaut, sondern reicherte sich an.
- Tiefgründige und intensive Bodendurchmischung durch Bodentiere: Diese sogenannte Bioturbation bringt den *Humus* auch in die tieferen Bodenhorizonte.

Vorkommen nur lokal

Aufgrund der speziellen Voraussetzungen, die für die Entwicklung von Tschernosemen erfüllt sein müssen, finden sich diese Böden nur in wenigen Regionen in Deutschland. Das Hauptverbreitungsgebiet liegt in Sachsen-Anhalt und Thüringen und umfasst die Magdeburger Börde, das Hallesche und Köthener Ackerland, die Querfurter Platte und das Thüringer Becken. Vorkommen von Tschernosemen oder deren Resten finden sich auch in der Hildesheimer Börde, in den Beckenlagen in Nordhessen, der Wetterau, dem Kraichgau sowie dem Oberrheintal. Große Vorkommen von Tschernosemen finden sich außerhalb von Deutschland in der Ukraine und im südwestlichen Russland. Der Begriff Tschernosem leitet sich vom russischem Wort „chernyy" (schwarz) ab und man nannte die Böden auch Schwarzerden.

Abb. 4.6 Tschernoseme sind wichtige Weizenböden. Hier wächst Weizen, der für feine Backwaren genutzt werden kann. (Foto: A. Don)

Insgesamt gibt es in Deutschland aber nur 11.000 km^2 Tschernoseme, das entspricht 3 % der Bodenfläche. Die allermeisten Tschernoseme werden wegen ihrer Fruchtbarkeit landwirtschaftlich als Ackerland genutzt. Weil Tschernoseme bei unseren Klimabedingungen nicht mehr entstehen, sind viele Tschernoseme *degradiert* und befinden sich in verschiedenen Übergangsformen zu anderen *Bodentypen*, wie Parabraunerden. Bodendegradierung findet besonders durch Versauerung statt, ein natürlicher Prozess besonders im Wald durch den hohen Säureeintrag aus der Nadel- und Laubstreu. Eine solche Degradierung der Tschernoseme wurde an Standorten, die der Mensch seit der Jungsteinzeit (ab etwa 2500 v. Chr.) beackert, verzögert. Die Streu der Ackerfrüchte ist weniger sauer als im Wald.

Humus färbt schwarz

Auffällig bei Tschernosemen ist ihre dunkle Farbe, die durch *Humus* entsteht und diesem Boden seinen Namen gegeben hat (Abb. 4.7 und 4.8). Verantwortlich für die Verteilung des Humus im Boden sind wesentlich die Bodentiere wie Regenwürmer, aber auch Hamster und Mäuse.

Mit 4–8 % Humusanteil gehören Tschernoseme zu den humusreichsten Mineralböden bei uns. Der *Humus* ist fein verteilt, sodass Tschernoseme fast so dunkel erscheinen wie Moorböden, die komplett aus *Humus* bestehen. *Humus* entsteht durch den Ab- und Umbau von Wurzeln und abgestorbenem Gras und anderen Pflanzenresten. In einem trockenen Sommer konnte eine Grassteppe aber auch brennen und feine Kohlepartikel zurücklassen, die sehr stabil sind. Sie werden von Bodenlebewesen kaum abgebaut und reichern sich langfristig als Teil des *Humus* an.

Ob ein Boden fruchtbar ist, hängt von vielen Faktoren ab, nicht zuletzt aber von seiner Fähigkeit, sich im Frühjahr, nach der winterlichen Starre, zu erwärmen. Die schwarze Färbung der Tschernoseme beschleunigt die Erwärmung im Frühjahr, sodass die Pflanzen auf diesen Böden schon früher zu wachsen anfangen im Vergleich zu helleren Böden. Aber nicht nur die Pflanzen profitieren von der Erwärmung des Bodens. Auch die Millionen von Mikroorganismen im Boden werden durch die Erwärmung aktiv. Sie nutzen den *Humus* als Energiequelle und bauen ihn dadurch um und ab. Damit der Boden nicht an *Humus* verarmt, bedarf es einer stetigen Zufuhr von organischem Material. Auf landwirtschaftlichen Flächen sind dies Ernterückstände aus Stoppeln und Wurzeln, Stallmist und andere organsiche Dünger oder auch eingepflügte Pflanzen, die z. B. im Winterhalbjahr als Zwischenfrüchte auf dem Acker wachsen.

Wie viel ist ein Boden wert?

Mit der Bodenschätzung wird seit 1934 die Qualität landwirtschaftlicher Böden bewertet. Tschernoseme stellen dabei das Maximum hinsichtlich Bodenqualität in Deutschland dar. Eine Bewertungsskala von 1 bis 100 wurde eingeführt und ein Tschernosem bei Eickendorf in der Magdeburger Börde erhielt die Bodenzahl 100. Alle anderen Böden wurden zu diesem 100er-Tschernosem in Beziehung gesetzt und niedriger bewertet. Bis heute ist die Bodenschätzung, durchgeführt von der Finanzverwaltung, Grundlage für die steuerrechtliche Bewertung landwirtschaftlicher Böden. Hauptamtliche Bodenkartierer sind in ganz Deutschland unterwegs, um das dazugehörige Kartenmaterial und die Daten aktuell zu halten. Es gibt in Deutschland keine höher aufgelösten Bodenkarten, als die der Bodenschätzung. Die Bewertung der Böden erfolgt getrennt für Acker und Grünlandböden mit jeweils eigenen Bewertungsrahmen. Die Bewertungsrahmen für die Böden berücksichtigen die *Bodentextur* (Korngrößenzusammensetzung), die Herkunft des Ausgangsgesteins (Entstehungsart) und den Entwicklungszustand des Bodens (Zustandsstufe). Die Bodenschätzung bietet eine deutschlandweite einheitliche Bewertung der Ertragsfähigkeit landwirtschaftlicher Böden.

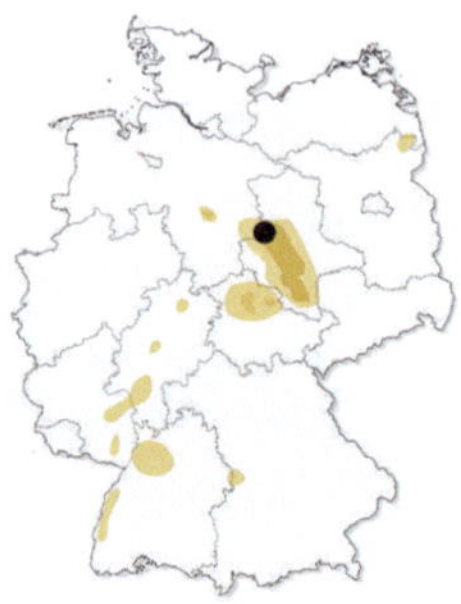

Abb. 4.7 Ein Tschernosem der Magdeburger Börde in Sachsen-Anhalt. Kennzeichen eines Tschernosem ist die tiefreichende Dunkelfärbung durch den *Humus*. Auf dem Bild erkennt man die mit *Humus* gefüllten Regenwurmgänge, die tief in den Unterboden hineinreichen. (Foto: W. Hölzer)

Abb. 4.8 Ein Tschernosem in Sachsen-Anhalt, Salzlandkreis, mit zahlreichen humusgefüllten Regenwurmgängen. Charakteristisch für den Tschernosem ist der Verzahnungshorizont des humosen *Horizontes* mit dem darunter liegendem *Ausgangsmaterial* (Löss) zwischen 50 und 80 cm Tiefe, der ein Anzeichen für die wühlenden Bodentiere ist, die diesen Boden prägen. (Foto: B. Schemschat)

Was wühlt denn da?

Der Boden ist voller Lebewesen, das ist bekannt. Bei den Tschernosemen sind es aber nicht nur die vielen kleinen Mikrolebewesen wie Pilze, Bakterien und Springschwänze, sondern auch die großen, die diesen *Bodentyp* prägen. Hamster und Ziesel sind Steppentiere, die im Boden Erdwohnungen mit weitverzweigten Gängen anlegen. Dazu kommen Mäuse, die den Boden durchgraben und damit immer wieder durchmischen. Die Samen der Grasvegetation ernähren diese Tiere und seit der Ankunft der neolithischen Bauern auch das Getreide auf dem Acker. Der lockere humusreiche Lössboden der Tschernoseme lässt sich bis in tiefe Bereiche gut graben und die Tiergänge im Löss sind obendrein recht stabil und fallen kaum in sich zusammen. In Abb. 4.9 sieht man in 70 und 90 cm Tiefe die mittlerweile verfüllten Gänge von Tieren, die wohl vor Jahrhunderten, wenn nicht vor Jahrtausenden, angelegt wurden.

Abb. 4.9 Ein Tschernosem in Sachsen-Anhalt, Landkreis Börde, mit verfüllten ehemaligen Tiergängen in 70 und 95 cm Tiefe. Feldhamster und Mäuse können in dem steinarmen Lössboden Gänge und Nester graben. Nach Verlassen dieser Nester und Gänge werden die darin verbliebenen Samen, Pflanzenreste und Tierhaare zu *Humus* und färben sich dunkel. (Foto: R. Prietz)

Humus ist Wasserspeicher und fördert die Durchwurzelung

Die mittlere Temperatur in Deutschland ist bereits heute infolge der Klimaveränderungen um etwa 1,5 °C gegenüber vorindustriellen Bedingungen gestiegen. Zudem sagen Klimaprognosen sinkende Sommerniederschläge für weite Teile Deutschlands voraus. Niederschläge sind im Ackerbau fundamental für gute Erträge. Für nur 5 % der deutschen landwirtschaftlichen Fläche ist eine Beregnungsanlage installiert und macht diese somit weitgehend unabhängig von Niederschlägen. Die meisten Böden sind also auf Regen als Wasserquelle angewiesen. Die Wasserspeicherkapazität der Böden bestimmt, ob auch im Hochsommer noch genügend Wasser für die Pflanzen zur Verfügung steht. Tschernoseme speichern so viel Wasser, wie Weizen für 40 Tage ohne Regen benötigt, um bei voller Sommerhitze durchhalten zu können, ohne in *Trockenstress* zu geraten. Die Aktivität der Bodentiere sorgt zusammen mit dem *Humus* der Tschernoseme dafür, dass der Boden ein lockeres feines Gefüge hat, das es den Pflanzen leicht macht, ihre Wurzeln im Boden auszubreiten. Zusätzlich reicht der *Humus* der Tschernoseme oft weit unter die Pflugsole und fördert die tiefe Durchwurzelung. Wenn der Boden oben austrocknet, erreichen die Pflanzen im Tschernosem tief liegende große Wasserreserven.

4.3 Fahlerde – die Gebleichte

Zum Verwechseln ähnlich

Die Fahlerde ist die extreme Parabraunerde. Dieser Boden ist stärker versauert als die Parabraunerde (um pH 4). Außerdem ist nicht nur ein bisschen Ton aus dem Oberboden ausgewaschen und nach unten verlagert worden, sondern richtig viel (bis zu 20 %). Es hat sich ein *Horizont* gebildet, der, verarmt an *Tonmineralen* und Eisenverbindungen, recht bleich geworden ist: fahlgrau (Abb. 4.10). Das unterscheidet die Fahlerde von der Parabraunerde. Ansonsten sind sie sich sehr ähnlich. Wie bei den Parabraunerden lagert sich der Ton und Eisenrost in tieferen Bodenhorizonten als rötlich brauner *Horizont* wieder ab. Beide *Bodentypen* sind fruchtbar und tiefgründig durchwurzelbar, beide sind sensibel gegenüber *Erosion*. Beide *Bodentypen* kommen oft auch nebeneinander und kleinräumig gemischt vor. Oft kann man sie kaum auseinanderhalten. So kam es, dass die Fahlerde 1986 als *Bodentyp* aus der westdeutschen *Bodenklassifikation* gestrichen wurde, weil sie der Parabraunerde zu ähnlich sieht. Nach der deutschen Wiedervereinigung wurde die Fahlerde 1994 wieder in die gesamtdeutsche *Bodenklassifikation* als eigenständiger *Bodentyp* aufgenommen, da Fahlerden besonders in den ostdeutschen Bundesländern verbreitet sind. Bis heute dauert die Diskussion dazu an.

Zerstörung durch Säuren

Im trockenen Zustand sieht der gebleichte graue *Horizont* manchmal wie weiß gepudert aus. Dieses weiße Pulver besteht aus Resten der *Tonminerale*, die durch die Säuren zerstört wurden. Es gibt keine klare Grenze des Bleichhorizonts nach unten. Entlang der Fließbahnen, wo die Säuren von oben kamen, ist der *Horizont* zungenförmig nach unten ausgebuchtet. Mit der Säurebleichung ähnelt die Fahlerde dem Podsol (Kap. 3). Es ist aber ein unendlich langer Prozess, bis alle *Tonminerale* zerstört sind und nur noch der Sand übrig bleibt. Damit man Fahlerden ackerbaulich gut nutzen kann, müssen sie gekalkt werden, um die Säuren zu neutralisieren und den *pH-Wert* zu heben.

Im Nordosten verbreitet

Die Fahlerden finden sich verbreitet in den Löss- und Moränenlandschaften Nordostdeutschlands. Oft sind sie aus Parabraunerden entstanden und diese wiederum oft aus Pararendzinen. Im Verlauf der Bodenentwicklung wurde der Kalk ausgewaschen, der Boden wurde immer saurer, es kam zur Verlagerung von Ton und schließlich ging die Entwicklung mit der Versauerung und

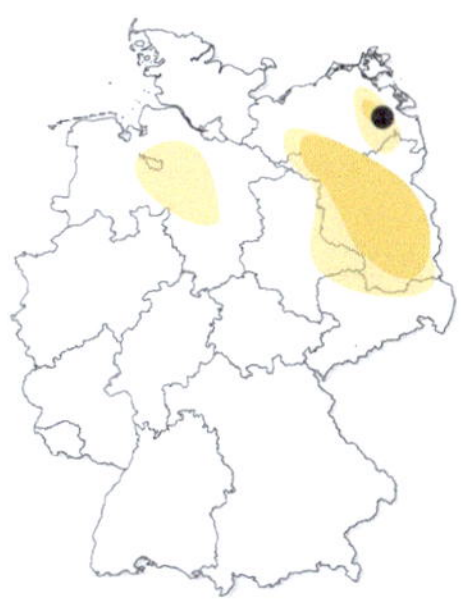

Abb. 4.10 Über dem für die Fahlerde typischen grauen Auswaschungshorizont erkennt man noch eine schwache Verbraunung. Es handelt sich hier um einen Übergangsbodentyp, eine Braunerde-Fahlerde aus dem Landkreis Ostvorpommern in Mecklenburg-Vorpommern. (Foto: T. Rauschen)

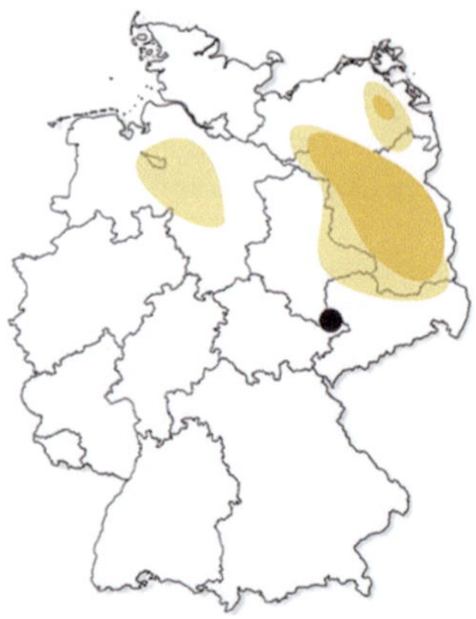

Abb. 4.11 Fahlerde aus dem Burgenlandkreis in Sachsen-Anhalt. Zwischen 28 und 38 cm Bodentiefe erkennt man den gebleichten Tonauswaschungshorizont. Hier staut sich über dem darunterliegenden Tonanreicherungshorizont das Regenwasser. Dies führt zu einer leichten Rostfleckung und einem marmorierten Aussehen. (Foto: B. Schemschat)

Säurebleichung weiter zur Fahlerde. Die Tonanreicherung im Unterboden kann zu einer Bodenverdichtung mit Stauwasserbildung führen und damit verbunden zu Bodenverfärbungen durch Eisenrost. Dann bildet sich eine Pseudogley-Fahlerde (Kap. 6, Abb. 4.11).

Die Fruchtbarkeit der Fahlerde ist etwas geringer als die der Parabraunerde, weil der an Ton verarmte Oberboden etwas weniger Nährstoffe speichern kann. Außerdem haben Fahlerden einen für Pflanzen ungünstigeren niedrigeren *pH-Wert*, der erst durch Kalkung erhöht werden muss. Fahlerden sind jedoch immer noch sehr gute Ackerstandorte, auf denen hohe Erträge erzielt werden. Die große Bedeutung dieser Böden als Ackerstandort haben schon unsere Vorfahren vor 4000 Jahren erkannt, worauf archäologische Fundplätze in den Fahlerderegionen hindeuten.

Wenn aus Ton Böden werden

5

Pelosol (Foto: S.Evertsbusch)

Welcher Boden verbirgt sich hier im Osten Thüringens?

A. Don, R. Prietz, *Unsere Böden entdecken*, https://doi.org/10.1007/978-3-662-71765-3_5

Das gehört zum guten Ton

Ton ist die klumpige, plastische Masse, aus der man Gefäße töpfern kann und die im getrockneten Zustand hart und spröde wird. Ton wird aus Erdgruben gewonnen und ist einer der ältesten Rohstoffe der Welt. Ziegelsteine halfen, dem elementaren Schutzbedürfnis des Menschen nach Wohnraum nachzukommen. Die wichtigste kulturelle Errungenschaft entstand durch Ton vor über 4000 Jahren im alten Mesopotamien: Auf Ton geritzt entstand die älteste Schrift der Menschheit, die Keilschrift. Erstmalig in der Menschheit konnten Gedanken festgehalten werden. Plastischer Ton war es, der dem Menschen die Schrift ermöglichte, lange bevor im alten Ägypten die Hieroglyphen erfunden wurden.

Ton zum Töpfern und Ziegelsteine brennen gibt es nicht überall. Dort, wo sich bei uns besonders viele Töpfereien befinden, z. B. im Osten Thüringens, in Mittelhessen oder in Mecklenburg-Vorpommern, findet man auch viel Ton im Boden. Ton wurde meist als Tonschlamm in flachen Meeren abgelagert und verfestigte sich dann im Laufe von Jahrmillionen zu Tonstein. Solange Ton nicht bei über 500 °C gebrannt ist, quillt er in Kontakt mit Wasser immer wieder. Je nach Tonmineralart vergrößert sich das Volumen des trockenen Tones bei Wasseraufnahme um bis zu 15 %.

Aus Ton können aber nicht nur besondere Gefäße, Ziegelsteine und Schrifttafeln entstehen, sondern auch besondere Böden. Tonige Böden trocknen im Sommer aus und werden steinhart. Es entstehen zentimeterdicke Risse, die bis tief in den Unterboden reichen können. Im Winter und Frühjahr verwandeln sich diese Böden in einen einzigen gequollenen plastischen Block. Wer hier graben will braucht Ausdauer, denn der Boden bleibt am Spaten kleben. Dementsprechend ist die Bestellung der Böden sehr energieintensiv. Einen Pflug durch diesen Boden zu ziehen braucht viel mehr Kraft und damit fast doppelt so viel Treibstoff im Vergleich zu einem sandigen Boden. Deswegen bezeichnet der Landwirt diese Böden als „schwere Böden" im Vergleich zu den sandigen „leichten" Böden. Ein Eimer voll Boden wiegt immer ähnlich viel – trotzdem gibt es die schweren und leichten Böden.

Ein Tonklumpen mit 10 cm Durchmesser hat auf den vielen Bodenteilchen (*Mineralen*) eine Oberfläche zwischen 14 und 50 ha, so viel wie 20 bis 70 Fußballfelder (Abb. 5.1). Wie kann das sein? *Tonminerale* sind kleine Plättchen, die nicht größer sind als 0,002 mm. Diese Plättchen ergeben, je nach Tonmineralart, diese enorme Oberfläche. Diese Tonplättchen können auch so zusammenkleben, dass Tonlagen zu undurchdringlichen Barrieren werden. Solche Tonlagen schützen Grundwasser vor Schadstoffen und halten Erdöl in sicherer Tiefe, dichten Teiche ab und verhindern auf Deponien das Davonsickern von schadstoffbelastetem Wasser.

Abb. 5.1 Tonklumpen aus einem Bodenprofil in Niedersachsen im Landkreis Helmstedt. Die Oberfläche der *Tonminerale* in diesem Klumpen hat die Größe von mehreren Fußballfeldern. (Foto: S. Evertsbusch)

Kapitel 5

Die Tonplättchen sind außerdem an ihrer Oberfläche elektrisch negativ geladen, sodass sie positiv geladene Stoffe anziehen und festbinden. Dadurch wirkt die große Oberfläche wie ein Kescher, der Schadstoffe festhält. In tonigen Böden können sich Schadstoffe so nicht weiter verbreiten und z. B. das Grundwasser gefährden. An den Oberflächen der *Tonminerale* wird auch *Humus* gebunden und dadurch stabilisiert (Ton-Humus-Komplexe) und vor dem Abbau durch Pilze und Bakterien geschützt. Auch viele Nährstoffe werden an den Oberflächen der Tonminerale zwischengespeichert und so vor dem Auswaschen geschützt.

Vom Tonmatsch zum Tonschiefer

Tonminerale entstehen meist durch Verwitterung *feldspatreicher* Gesteine. Viel Regen und hohe Temperaturen sowie niedrige *pH-Werte* beschleunigen die Verwitterung. Die aus dem Gestein stammenden schwerlöslichen Stoffe wie Aluminiumoxide bilden dann *Tonminerale*. Tropisches und subtropisches Klima beschleunigt diesen Verwitterungs- und Neuentstehungsvorgang. Dieses Klima herrschte bei uns zuletzt vor 40 Mio. Jahren. Seitdem sind die gebildeten *Tonminerale* mit dem Wasser, teilweise auch mit Wind und Gletschereis, weggeschwemmt und *erodiert* worden. Wenn es auf dem Festland Seen gab, wurden die *Tonminerale* dort abgelagert und bildeten am Grund des Sees graue Tonschlämme.

Durch zunehmenden Auflastdruck neuer Sedimente wurden die abgelagerten Tonschlämme nach und nach verdichtet. Aus einer ehemals matschigen Ton-Wasser-Mischung wurde im Laufe mehrerer Hunderttausend Jahre plastischer, stichfester Ton. Weil um die einzelnen Tonteilchen eine dünne Wasserhülle vorhanden ist, bleibt Ton plastisch verformbar und dient als Rohmaterial für die Keramikherstellung. Diese Tone sind meist erdgeschichtlich jung. Zum Beispiel die *paläogenen* Tone (ca. 30 Mio. Jahre) aus Mitteldeutschland, der Pfalz und der Oberpfalz sowie aus dem Westerwald.

Wenn die Seen und Becken groß genug waren, konnten sich dort im Laufe der Zeit mehrere Hundert Meter mächtige Tonschichten bilden. Durch den enormen Auflastdruck der Sedimente wurde der Ton weiter zu Tonstein verfestigt. Dabei ging die Wasserhülle um die Tonteilchen verloren und so sind Tonsteine nicht mehr plastisch verformbar. Erst verwittert im Boden gewinnt Tonstein seine Fähigkeiten zum Quellen und Schrumpfen und seine Formbarkeit teilweise zurück. Typische Beispiele sind die roten Tone im Eichsfeld, Odenwald oder im Thüringer Becken.

Wenn der Auflastdruck der aufliegenden kilometermächtigen Sedimentschichten weiter zunahm, wurde aus Tonstein Tonschiefer, wobei sich die mineralogische Zusammensetzung des Tons immer weiter veränderte. In den erdgeschichtlichen Gebirgsbildungsperioden wurde der Tonschiefer auch noch schräg gestellt und gefaltet. Die glatten horizontalen Tonmatschablagerungen sind dann geschwungen und verbogen und kaum noch wiederzuerkennen. Tonschiefer findet sich bei uns z. B. im Frankenwald, in der Eifel, im Thüringer Schiefergebirge oder im Sauerland. Diese Regionen erkennt man an den Schieferplatten, die an den Hausfassaden und zur Dacheindeckung genutzt werden. Während aus Tonstein die schweren Tonböden werden, die in diesem Kapitel vorgestellt werden, werden aus Tonschiefer häufig steinreiche Ranker (Abschn. 2.3).

5.1 Pelosol – der Klumpige

Ein Boden, der sich bei Trockenheit stark verändert und dabei ganz rissig wird, das ist der Pelosol (Abb. 5.3). Mehrere Zentimeter breite Rissklüfte tun sich dann auf und reichen bis tief in den Unterboden. Das Muster der Risse ergibt interessante Bilder (Abb. 5.2).

Pelosol stammt vom griechischen Wort *pelos*, was „Ton" bedeutet. Ein Pelosol muss im Unterboden mindestens 45 % Ton aufweisen. Wenn Pelosole austrocknen, entstehen nicht nur Risse, sondern der ganze Boden besteht aus scharfkantigen prismenförmigen, polyedrischen Bodenteilchen (*Aggregaten*), die mehrere Zentimeter lang werden können. Dann lässt sich auch keine glatte Bodenprofilfläche graben, sondern *Aggregate* brechen heraus und lassen eine unebene Wand zurück, die aus vielen Einzelflächen besteht und an ein kubistisches Kunstwerk erinnert (Abb. 5.2). Nicht selten führt der hohe Tongehalt zu Staueffekten im Boden. Dann entstehen Übergangsbodentypen, sogenannte Pseudogley-Pelosole (Abb. 5.4).

Abb. 5.2 Trocknet ein Tonboden aus, bilden sich breite Risse. Der Ton ist nicht mehr weich und plastisch, sondern schrumpft und zerbricht in mehr oder weniger große Brocken mit scharfen Kanten. Es bildet sich ein sogenanntes Polyedergefüge. (Foto: R. Prietz) ►

Abb. 5.3 Ein Pelosol im Schwarzwald-Baar-Kreis in Baden-Württemberg mit bis zu 60 % Tongehalt. Tonminerale sind winzige Plättchen. Wenn diese alle eingeregelt vom Spaten in dieselbe Richtung schauen, beginnt der Pelosol etwas zu glänzen. Unterhalb des Tons ab 67 cm Tiefe, lagert das Ausgangsgestein, der Mergel. Der bis 20 cm mächtige gepflügte sehr humusreiche Oberboden zeigt deutlich Trockenrisse, während im Unterboden alles noch feucht und dicht und undurchdringlich ist. (Foto: W. Hölzer)

Abb. 5.4 Dieser Pseudogley-Pelosol in Nordrhein-Westfalen im Landkreis Warendorf wird als Acker genutzt. Hier führt der hohe Tongehalt im Boden ab 50 cm Tiefe zu einem leichten Wasserstaueffekt, der an den Rostflecken zu erkennen ist. Da der Ton auch Kalk enthält, spricht man von einem sogenannten Übergangstyp, ein Pararendzina-Pseudogley-Pelosol. (Foto: B. Schemschat)

Der Boden, der sich ständig bewegt

Tonreiche Böden kommen nie zur Ruhe: Regen und Sonne führen zu einem ständigen Befeuchten und Austrocken, was den Boden in Bewegung setzt. Im Herbst, wenn der Boden durch Regen immer feuchter wird, quillt der Ton, und der Boden verliert fast jede Struktur (Abb. 5.5). Dadurch hebt sich der Boden mehrere Zentimeter, im Extremfall bis zu 15 cm. Mit dem Austrocken schrumpft der Boden wieder und sackt zusammen. Das liegt am Wasser, das zwischen den Plättchen der *Tonminerale* gebunden ist und diese dadurch größer werden lässt, wenn sie feucht sind. Der Boden arbeitet also und ist in ständiger Bewegung. Dafür ist nicht nur der hohe Tongehalt verantwortlich, entscheidend sind auch die Arten der *Tonminerale*, von denen manche quellbar sind (Vermiculit, Smectit) und manche nicht (Illit, Kaolinit). In extrem tonreichen Pelosolen, von denen man viele in Australien und Indien findet, kommt es durch diese Bewegungen zu einer Durchmischung des ganzen Bodens, die als Selbstmulchung bezeichnet wird: Pflanzenteile fallen in die Risse und werden so schneller als in jedem anderen Boden in die Tiefe gebracht und im ganzen Boden verteilt. Dies ist neben den erwähnten Ton-Humuskomplexen auch eine Erklärung für die relativ hohen Humusgehalte der Pelosole.

Abb. 5.5 Ein Pelosol im hessischen Landkreis Hersfeld-Rotenburg. Eine 40 cm mächtige tonreiche *Fließerde* hat das bereits stark verwitterte Gestein des Buntsandsteins überdeckt und auf ihrem Weg hangabwärts einige Sandsteine mit aufgenommen. (Foto: W. Hölzer)

Minutenböden

Nasse, tonreiche Böden, wie der Pelosol, sind für den Landwirt kaum zu bearbeiten. Alles schmiert und klebt an den Geräten und der Boden bleibt klumpig. Ein feines Saatbett lässt sich in nassen Tonböden kaum herstellen. Wenn es im Laufe des Frühjahrs dann trockener wird, wechseln Tonböden so schnell von matschig zu knüppelhart, dass dazwischen nur sehr wenig Zeit für die Bodenbearbeitung bleibt. Dieses Zeitfenster ist so kurz, dass diese Böden „Minutenböden" genannt werden. Neben dem Pelosol werden auch andere tonreiche Böden, wie Rendzinen (Abschn. 2.1) und Marschböden (Abschn. 6.3), zu den Minutenböden gezählt. Von Hand sind diese Böden kaum zu bearbeiten und nur die fortschreitende Mechanisierung und Verbesserung der Agrartechnik ermöglicht Ackerbau auf tonreichen Böden.

Tonminerale und *Humus* zusammen tragen wesentlich zur Fähigkeit des Bodens bei, Wasser zu speichern. Ist der Tongehalt allerdings hoch, überwiegt im Boden der Anteil sehr kleiner Poren. Diese halten Wasser durch ihre Saugkraft (das sogenannte Matrixpotenzial) so fest, dass es von Pflanzenwurzeln nicht mehr aufgenommen werden kann. Das nicht mehr pflanzennutzbare Wasser bezeichnet man als Totwasser, weil es wie tot im Boden festsitzt. Wenn der Boden ausgetrocknet und nur noch Totwasser vorhanden ist, ist der sogenannte „permanente Welkepunkt" erreicht, bei dem die Pflanzen anfangen zu vertrocknen. Tonböden haben besonders viel Totwasser und Pflanzen vertrocknen darauf, obwohl noch Wasser im Boden ist. Minutenböden machen es also nicht nur dem Landwirt schwer, sondern auch den Pflanzen.

Pflanzen: gut nährstoffversorgt und doch gequält

Pflanzenwurzeln im Pelosol haben es schwer: wenn der Boden feucht ist, können sich die Wurzeln nur schwer einen Weg bahnen. Wenn der Pelosol dann aber austrocknet, reißt nicht nur der Boden, sondern auch die feinen Wurzeln werden abgerissen. Dabei ist der Pelosol voller Nährstoffe, die an den *Tonmineralen* gebunden sind und die Pflanzen gut ernähren. Trotzdem sind die meisten Pelosole bei uns unter Wald, einige unter Grünland und nur wenige unter Ackernutzung. Pelosole sind recht selten (2 % der landwirtschaftlichen Böden) und finden sich z. B. auf den Tonsteinen des Rhät (Oberer Keuper), des Röt (Oberer Buntsandstein), des Lias (Unterer Jura) und der Kreide im Mittelgebirge z. B. entlang der Fränkischen und Schwäbischen Alb und im Rheinischen Schiefergebirge.

5.2 Terra fusca – die Subtropische

Dieser Boden mit einem leuchtend rotbraunen bis orangefarbenen *Horizont* erinnert an Böden aus dem Mittelmeerraum. Tatsächlich sind diese Böden bei uns meist ein Überbleibsel aus einer Zeit vor dem Eiszeitalter, als hier mediterranes, subtropisches Klima herrschte. Unter unseren heutigen Klimabedingungen entsteht dieser Bodentyp wohl nicht mehr. Der Boden wird Terra fusca genannt, was aus dem Lateinischen kommt und braune Erde heißt. Die Terra fusca entsteht aus Kalkstein, Dolomit oder Gips, die es viel im Mittelmeerraum gibt.

Vom Kalkstein zum Ton

Unten in der Terra fusca findet man fast immer noch den Kalkstein, aus dem dieser Boden entstanden ist (Abb. 5.6 und 5.7). Aber wie ist aus dem weißen Kalkstein der braune Ton geworden, der diesen Boden prägt? Kalkstein besteht nicht nur aus Kalk, sondern ist mit 5–10 % durch silikatische Bestandteile, den *Tonmineralen* „verunreinigt". Kalk wird durch Säuren im Boden aufgelöst und mit dem Sickerwasser ausgewaschen und dann bleibt nur noch der Ton übrig (Residualton). Für einen 35 cm mächtigen Tonhorizont müssen über 2 m Kalkfelsen aufgelöst werden. Bei der Auflösung des Kalks helfen insbesondere die Kohlensäure aus dem Kohlendioxid der Luft und die organischen Säuren aus dem *Humus*.

Da die Kalkauflösung sehr langsam geschieht, braucht es dafür viel Zeit, mehrere 100.000 Jahre. Die Terra fusca hat sich also aus den Resten gebildet, die von mächtigen Kalkfelsen übrig blieben. Das ging nur dort gut, wo die übrig gebliebenen *Tonminerale* nicht wegerodiert wurden, also auf Kuppen und Plateaulagen mit wenig Gefälle. In Hanglagen ist der Boden während der *Eiszeiten* hangabwärts gerutscht und es bildeten sich sogenannte *Fließerden*, ein Gemisch aus Ton, Kalksteinen und zum Teil Löss (Abb. 5.8). Dadurch finden sich im Tonanreicherungshorizont der Terra fusca auch Steine.

Abb. 5.6 Diese Braunerde-Terra fusca befindet sich auf der Schwäbischen Alb im Landkreis Sigmaringen in Baden-Württemberg. Der Tongehalt des ockerfarbend leuchtenden Kalksteinbraunlehms unterhalb des humosen Oberbodens in 30–60 cm Tiefe beträgt sogar 90 %. Die tonigen Verwitterungsrückstände haben sich mit geringen Anteilen von verbraunten Lösslehm vermischt wodurch ein Übergangsbodentyp zur Braunerde kartiert wurde. Der einstmalige Ackerstandort wird heute nur noch als Wiese genutzt. (Foto: T. Rauschen)

Abb. 5.7 Diese Terra fusca befindet sich ebenfalls unter einem Grünland auf der Schwäbischen Alb in Baden-Württemberg. Der mit 90 % Tongehalt sehr tonreiche Kalksteinbraunlehm (30–67 cm Tiefe) hat wenige Steine, ist kalkfrei und sehr dicht gelagert. Hier haben es Wurzeln schwer hindurch zu kommen. (Foto: M. Dinter)

Eine Seltenheit

Terra fuscen sind selten und meist nur 40–60 cm mächtig, darunter kommt schon der Kalkstein. Kleinräumig auf einem Acker sind sie oft zusammen mit Rendzinen zu finden (Abschn. 2.1). Wo es steiniger wird, findet man Rendzinen und wo es kaum Steine an der Oberfläche gibt, hat man die Chance eine Terra fusca zu finden. Sie ist ein Überbleibsel aus einer subtropisch warmen Zeitepoche.

Terra fuscen sind bei uns oft unter Waldnutzung oder Wiese, weil sie so flachgründig und als tonige Böden schwer ackerbaulich zu bearbeiten sind. Je tiefgründiger sie sind und je mehr Löss (Kap. 4) sich *nacheiszeitlich* in den Oberboden eingemischt hat, desto besser sind sie auch als Äcker nutzbar. Man findet sie besonders auf den Hochflächen der Fränkischen und Schwäbischen Alb, wo die Jurakalke zu finden sind und wohin keine Eiszeitgletscher reichten. Dort sind erst Rendzinen entstanden. Je älter diese wurden, desto mehr Kalkstein wurde aufgelöst. Ton reicherte sich an, und so wurden aus Rendzinen im Laufe von Jahrtausenden Terra fuscen. Die leuchtende Farbe der Tonhorizonte geht auf die Farbe der *Tonminerale* zurück. Zusätzlich ist oft Eisen gelöst und *oxidiert* worden (Verbraunung, siehe Kap. 3).

Glänzender Ton

Die *Tonminerale* kleben zusammen und bilden *Aggregate*, zusammenhängende Teilchen von wenigen Millimetern bis mehreren Zentimetern Durchmesser. In der Terra fusca sind die Kanten der *Aggregate* besonders scharf und die Flächen glatt (Polyedergefüge). *Aggregate* verleihen dem Boden eine Struktur und durch den vielen Ton ist diese Struktur besonders ausgeprägt. Wenn ein ausgetrockneter Tonboden, egal ob Terra fusca oder Pelosol, vom Regen befeuchtet wird und quillt, reiben die *Aggregate* aneinander. Dadurch werden die *Tonminerale* auf den Aggregataußenseiten alle in eine Richtung gelegt, was diese Tonhäutchen (Stresskutane) zum Glänzen bringt. Das ist wie beim Schuhe putzen. Der Schuh glänzt, wenn die Oberflächenstruktur in eine Richtung gestrichen, also poliert wird.

Abb. 5.8 Eine Terra fusca im Nürnberger Land in Bayern. Typisch für die Terra fusca in Mitteleuropa ist, dass sie häufig durch Fließerdebewegungen während der *Eiszeiten* umgelagert wurde. Dabei hat sie zahlreiche Kalksteine aufgenommen, die hier auch im Oberboden (0–24 cm Tiefe) zu finden sind. (Foto: T. Rauschen)

Wenn Böden nasse Füße bekommen

6

Pseudogley (Foto: R. Prietz)

Welcher Boden verbirgt sich hier in der Wetterau in Hessen?

A. Don, R. Prietz, *Unsere Böden entdecken*, https://doi.org/10.1007/978-3-662-71765-3_6

Wenn Sauerstoff Mangelware ist

Wer in einer Senke oder im Flachland schon einmal eine Grube graben wollte, wird dieses Vorhaben manchmal zwangsweise schnell wieder aufgegeben haben: Die Grube füllt sich mit Wasser und ein Weitergraben ist nicht möglich (Abb. 6.1). Das Grundwasser reicht oft bis kurz unter die Geländeoberfläche, ohne dass man dies im Gelände sehen kann – die Böden haben nasse Füße. Im Frühjahr oder bei Hochwasser können diese Böden auch ganz geflutet werden, und Wasser steht auf Wiesen und Feldern. Das Wasser prägt die Entwicklung dieser Böden. Von unten kommend schafft es immer nasse, sauerstoffarme Zonen. Während in der Luft und in luftgefüllten Bodenporen 21 % Sauerstoff enthalten ist, kann Wasser nur um die 1 % Sauerstoff aufnehmen. Selbst diese geringen Sauerstoffmengen können im Wasser schnell von Bodenorganismen verbraucht werden. Ohne Sauerstoff laufen viele biologische und geochemische Kreisläufe völlig anders ab. Eisenverbindungen werden nicht zu rötlich gelbem Rost (*Oxiden*), sondern verwandeln sich zu bläulich blassen bis grünlichen Verbindungen (*Reduktion*), liegen also in einer anderen gut wasserlöslichen Form vor. Wo der Wassereinfluss im Bodenprofil beginnt, lässt sich schon an der Färbung des Bodens erkennen. Selbst wenn im Sommer das Stau- und Grundwasser weg ist, zeigt sich im Bodenprofil immer noch sehr genau, bis wohin der Wassereinfluss zeitweise reicht. In Abb. 6.2 liegt die Grenze in 50 cm Tiefe; oberhalb sind wechselfeuchte Bedingungen mit ausreichend Sauerstoff, um Eisen zu *oxidieren*, unterhalb blockiert das Wasser die Sauerstoffzufuhr und das Eisen erscheint hell und gebleicht (reduziert).

Abb. 6.1 Direkt nach dem Aufgraben dieses Gleys, lief die Bodengrube mit Wasser voll und die Bodenkartierer vom Thünen-Institut bekamen schnell nasse Füße. Die graue Färbung des Bodens deutet darauf hin, dass das Wasser zeitweise bis an die Oberfläche reicht. Dieser Standort wird nur als Weide genutzt. (Foto: S. Evertsbusch)

Grundwasser, Stauwasser und Kapillarwasser

In vom Wasser geprägten Böden kann entweder Grundwasser von unten kommen (Abschn. 6.1 und 6.3), oder aber auch Regenwasser vom Boden selbst gestaut werden (Abschn. 6.2). Eine tonreiche Schicht im Unterboden lässt das Wasser kaum abfließen. So bleibt es im Boden und beginnt, ihn zu verändern und zu verfärben. Wo Wasser im Spiel ist, werden die Böden bunt, weil sich das Eisen im Boden durch das Wasser in unterschiedlichen Farben zeigt. Diese reichen von ockergelb über dunkelrot bis blau.

An der Geländeoberfläche ist der Wassereinfluss nicht gleich bemerkbar. Gewässer müssen nicht in der Nähe sein. In der Norddeutschen Tiefebene und entlang von Tälern finden sich diese nassen Böden, die Landschaft ist eher flach. Wenige Spaten tief muss man graben, und dann stößt man auf Wasser. Doch der Wassereinfluss kann noch höher reichen als das Wasser im Grabungsloch: Durch *Kapillarkräfte* kann Wasser in tonigen Böden 40 cm, im Extremfall bis zu 3 m nach oben steigen und in sandigen Böden wenige Zentimeter bis einen Dezimeter. Dieses aufsteigende Wasser kann in allen Böden wichtig sein, um den Durst der Pflanzen nach Wasser zu stillen. Dadurch ist in tonigen Böden ein Grundwasserspiegel von bis zu 3 m Tiefe noch Durstlöscher für Ackerkulturen, in sandigen Böden darf das Grundwasser maximal ein paar Zentimeter unterhalb des durchwurzelten *Horizonts* liegen.

Auch Pflanzen mögen keine nassen Füße

An Böden mit nassen Füssen müssen sich Pflanzen speziell anpassen. Auch Wurzeln müssen atmen und deshalb vertragen viele das Wasser und die Sauerstoffarmut nicht und meiden die sauerstoffarmen Grundwasserhorizonte. Um sich an diese immer nassen Bedingungen anzupassen, haben einige Pflanzen Wege entwickelt, um dennoch hier leben zu können und ihre Wurzeln mit Sauerstoff zu versorgen. Die Erle bildet beispielsweise für den Luftaustausch große Korkporen an der Stammbasis und den oberflächennahen Wurzeln. Auch ein speziell luftgefülltes Röhrengewebe (Aerenchym) hilft dabei, die Wurzeln unterhalb der Grundwasserlinie mit Sauerstoff zu versorgen.

Abb. 6.2 Ein Gley aus dem Landkreis Potsdam-Mittelmark. Deutlich erkennt man an der Färbung des Bodens den Einfluss des Grundwassers: Die Rostflecken bis in 50 cm Tiefe sind ein Zeichen dafür, dass das Grundwasser zeitweise bis an die Geländeoberfläche reicht. Meist liegt der Grundwasserstand jedoch bei 50 cm und tiefer. Das Eisen im Boden liegt hier reduziert vor und der Boden ist gebleicht. (Foto: T. Kurth)

6.1 Gley – der im Wasser steht

Nasse Füße mit bunten Socken

Wenn der Boden immer nasse Füße hat, weil das Grundwasser das ganze Jahr hindurch nicht weichen will, entstehen Grundwasserböden. Diese werden Gleye genannt. Gley, oder norddeutsch Klei, heißt so viel wie Schlick. Schon in 40–80 cm unterhalb der Bodenoberfläche trifft man bei Gleyen im Mittel auf Grundwassereinfluss. Dort wo das Grundwasser ist, kommt sehr wenig Sauerstoff an, weil Wasser kaum Sauerstoff enthält und leitet. Ohne Sauerstoff werden die orangenen Eisenoxide (Eisen(III)) reduziert (zu Eisen(II)) und verlieren dadurch ihre leuchtende Farbe, der *Horizont* wird grau oder sogar grünlich blau. Auf den Bodenprofilbildern sieht man unten oft schon das Wasser stehen. Auch wenn man es herausschöpft läuft es ständig nach und die Bodenkartierer kommen aus der Profilgrube selten trockenen Fußes heraus (Abb. 6.1).

Rost in jeder Porenritze

Aber das Grundwasser ist nicht immer gleich tief, sondern schwankt mit den Jahreszeiten. Im Schwankungsbereich des Wassers (und in dem Bereich, wo aufsteigendes Kapillarwasser hinkommt) gibt es mal Sauerstoff und mal nicht. Besonders in den größten Bodenporen, wie Wurzelröhren, Regenwurmgängen und Ritzen läuft das Wasser am schnellsten ab (Abb. 6.3). Das reduzierte, farblose Eisen(II) ist besonders mobil und wandert in der nassen *Bodenmatrix* zu diesen Grobporen, wo es auf Sauerstoff trifft. Dadurch wird es wieder zu Eisenrost (Eisen(III)) und färbt die Wände der Grobporen rot bis gelb (Abb. 6.2, 6.7 und 6.8). Diese Umverteilung des Eisens wird Vergleyung genannt und es entstehen die für Gleye typischen bunt marmorierten *Horizonte* oberhalb des Grundwasserspiegels. Wenn die Füße des Gleys nass sind, dann sind seine Socken bunt.

Aus Boden wird Stein

Wenn das Grundwasser sehr eisenhaltig ist, kann oberhalb des Grundwasserhorizonts sehr viel Eisen als Eisenrost ausgefällt werden. Diese *Oxide* verfestigen alle Bodenminerale und kleben sie zusammen. So entstehen Brocken oder ganze *Horizonte*, die hart wie ein Stein sind, der Raseneisenstein (Abb. 6.4 und 6.5). Durch die Eisenoxide zusammengehalten wird also aus Sand und anderen Mineralien ein Gestein, das zu mehr als die Hälfte aus Eisen bestehen kann. Raseneisensteine sind rotbraun bis tiefschwarz und heißen so, weil sie gleich unterhalb der Rasensode zu finden sind. Schon in der Eisenzeit (ab 750 v. Chr.) wurden diese Steine zur Eisengewinnung mit Hacke und Spaten abgebaut. Ob Kanonenkugeln im Dreißigjährigen Krieg oder zur Industrieabgasentschwefelung in der DDR, Raseneisenstein wurde lange Zeit genutzt. Ganze Gebäude und

Abb. 6.3 **a** Sinkt der Grundwasserspiegel im Gley, füllen sich zuerst die groben Poren wieder mit Luft. In diesen Grobporen *oxidiert* das Eisen zu Rost und färbt diese gelblich rot. **b** Beim Pseudogley ist das umgekehrt (Abschn. 6.2). Dort findet man den Eisenrost in den feinen Poren am Rand der Grobporen, da Eisen von den Grobporen in die feinporige *Bodenmatrix* diffundiert. (Fotos: S. Evertsbusch)

Abb. 6.4 Auf einem grundwassernahen Standort im niedersächsischen Landkreis Gifhorn haben sich durch die hohen Eisengehalte des Grundwassers sehr harte gesteinsbrockenartige braunschwarzgefärbte *Konkretionen* gebildet, der Raseneisenstein. (Fotos: M. Dinter)

Abb. 6.5 Ein Gley aus dem niedersächsischem Landkreis Lüneburg. In einer Bodentiefe von 50–70 cm ist eine schwarzbraune Raseneisensteinschicht erkennbar. Sie entsteht durch *Oxidation* des Eisens im sehr eisenhaltigen Grundwasser. Dieser *Horizont* ist für Wurzeln kaum durchdringbar. (Foto: R. Prietz)

Stadtmauern wurden im gesteinsarmen Norddeutschland daraus gebaut (Abb. 6.6).

Die meisten Gleye mit Raseneisenstein sind als Lagerstätten längst ausgebeutet, verbliebene Reste stehen bei uns oft unter Schutz. Für die Wurzeln der Pflanzen sind Bänke aus Raseneisenstein eine undurchdringliche Barriere, und schweres Gerät war nötig, um mit Tiefenlockerung und *Tiefpflügen* Standorte mit Raseneisenstein als Ackerland kultivierbar zu machen (Abschn. 9.1).

Schwere Böden

Gleye können sowohl in tonigen, schweren als auch in sandigen, leichten Substraten entstehen (Abb. 6.7, 6.8 und 6.9). In jedem Fall sind sie aber schwer zu bewirtschaften, weil sie im Frühjahr oft zu nass und schlecht durchlüftet sind. Nur mit ausreichender Drainage sind sie als Acker nutzbar (siehe Themenbox zur Drainage am Kapitelende). Drainierte, schwefelreiche Böden können jedoch leicht versauern. Der im Grundwasserbereich reduzierte Schwefel wird durch die Grundwasserabsenkung der Drainage *oxidiert* und setzt dabei Säuren frei. Viele Gleye werden als Grünland genutzt oder liegen unter Wald mit nässeangepassten Baumarten wie Erle und Esche. Im Bereich der Flüsse werden Gleye als Auengleye bezeichnet. Sie bilden hier wertvolle Biotope, da das Grundwasser meist hoch ansteht und sich zahlreiche kleine Seen und Tümpel bilden.

Abb. 6.6 Der Turm der Nikolaikirche in Hannover-Bothfeld wurde komplett aus Raseneisenstein erbaut. (Foto: Ra Boe/Wikimedia Commons, Creative Commons BY-SA 3.0. DE)

Abb. 6.7 An diesem Standort im bayerischen Landkreis Tischenreuth, führte eine dichtere Bodenschicht zwischen 30 und 50 cm dazu, dass sich Regenwasser bis an die Oberfläche aufstaut. Gleichzeitig drückt das Grundwasser von unten nach und färbt den Boden grau. Der so entstandene *Bodentyp* ist ein Pseudogley-Gley. (Foto: T. Rauschen)

Abb. 6.8 Bei dieser Wiese im Landkreis Müritz in Mecklenburg-Vorpommern ist das Grundwasser kalkhaltig. So entsteht eine Gley-Varietät, der Kalkgley. Durch starken Grundwassereinfluss unterhalb von 66 cm Tiefe wurde der Boden dort grau-bläulich. Die Bodengrube musste leergepumpt werden, und die Bodenkartierer mussten sich mit der Beprobung beeilen, um nicht nasse Füße zu bekommen. Das Grundwasser schwankt stark und stand teilweise bis knapp unterhalb der Oberfläche an. Dies ist an den Eisenrostflecken oberhalb von 75 cm Tiefe zu erkennen. Früher wurde dieser Boden als Acker genutzt, was an dem bis in 34 cm Tiefe reichenden humosen Pflughorizont zu sehen ist. (Foto: W. Hölzer)

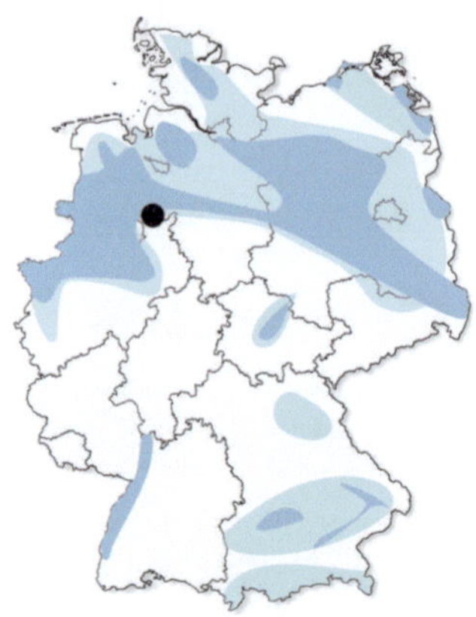

Abb. 6.9 Grundwasser führt an diesem Standort im nordrheinwestfälischen Landkreis Minden-Lübbecke zu einer bläulichen Färbung dieses Gleys unterhalb von 90 cm Tiefe. Der Boden ist in dieser Tiefe schluffig-tonig. Das Grundwasser wurde hier durch den Menschen künstlich abgesenkt. Einstmals bestand die Vegetation aus Schilf und Erlen, worauf die abgestorbenen Wurzelreste, die man zwischen 40 und 90 cm Bodentiefe erkennen kann, hindeuten. (Foto: R. Prietz)

Drainagen – Abflussrohre im Unterboden

Eine Drainage ist ein künstliches System von Gräben und Röhren im Boden. Es leitet überschüssiges Wasser aus dem Acker ab (Abb. 6.10). Schon die alten Babylonier und Römer entwickelten solche Systeme. Sie bestanden zunächst aus Holz, Faschinen (walzenförmige Reisig- bzw. Rutenbündel, die in Reihen eingegraben wurden) oder Kies. Zum einen machten diese Entwässerungsmaßnahmen die landwirtschaftliche Nutzung des Bodens erst möglich. Die Bewirtschaftung von drainiertem Ackerland ist einfacher und kann schon früher im Jahr beginnen. Zum anderen führen eine bessere Durchlüftung des Bodens und eine Erhöhung der Bodentemperatur zu höheren Erträgen. Zunächst wurden noch mit viel Muskelkraft Gräben mit dem Spaten gegraben und per Hand Tonrohre im Boden verlegt. Später erledigte man dies mit Baggern. Heute kommen spezielle Maschinen zum Einsatz. Diese können das Aufgraben und Verlegen in einem Arbeitsgang erledigen und die Gräben anschließend wieder verschließen. Verlegt werden heutzutage meist gelbe Kunststoffdrainagen, die mit Kokos ummantelt sind. Schon beim Aufgraben des Bodenprofils erkennt man an den mit *Humus* gefüllten Einschlüssen an der Bodenprofilwand, dass hier einmal Rohre verlegt wurden. Äußerste Vorsicht ist beim Graben geboten, um die empfindlichen Kunststoffrohre nicht zu beschädigen. Wird ein Drainagerohr beschädigt, setzt es sich zu. Dies erkennt man schnell im nächsten Frühjahr, da der Boden an dieser Stelle feuchter ist oder unter Wasser steht.

Abb. 6.10 Drainage erfolgt entweder mit Gräben (**c**) oder durch Drainagerohre. Teilweise findet man heute noch die alten viel genutzten Tondrainagen aus rotem Ziegel (**a** und **b**), deren Verlegung sehr arbeits- und kostenaufwendig war. Das Wasser aus den Drainagen wird in oberirdischen Gräben abgeleitet. Drainagerohre liegen meist in 60–80 cm Tiefe (**b** in einem Gley aus dem Landkreis Biberach in Baden-Württemberg) selten auch nur in 40 cm Tiefe unter Grünland (**a** in einem kalkhaltigem Gley in Schleswig-Holstein). (Fotos: a B. Schemschat, b T. Rauschen c S. Evertsbusch)

6.2 Pseudogley – nasse Füße selbst gemacht

Stauschicht bringt nasse Füße

Es gibt auch Böden, die nicht warten, bis das Grundwasser kommt und ihnen nasse Füße beschert. Sie machen sich die nassen Füße selbst. Ein wasserundurchlässiger *Horizont* im Boden staut das von oben kommende Wasser. Es kann nicht mehr gut versickern und der Boden wird zeitweise nass (Abb. 6.11). Diese Böden heißen Pseudogley. Der Pseudogley ist kein Grundwasserboden wie der Gley, weil er nicht den Schwankungen des Grundwassers ausgesetzt ist. Das Auf und Ab des Bodenwassers im Pseudogley ist selbstgemacht. Zum Stauen des Wassers wird ein wasserundurchlässiger, z. B. toniger *Horizont* benötigt, der oft zusätzlich noch verdichtet ist. So ein *Horizont* kann durch das *Ausgangsmaterial* des Bodens schon gegeben sein, oder der Boden macht sich die Stauschicht selbst: Tonpartikel werden dazu aus den oberen Bodenhorizonten im Sickerwasser nach unten transportiert und sammeln sich dort in einem *Horizont* wieder an (*Lessivierung*, Abschn. 4.1). Die Tonpartikel, die sich im Unterboden wieder anlagern und ansammeln, bilden eine Stauschicht. Über der Stauschicht liegt der Bereich, der im Wechselspiel des Wassers bunt gefärbt und marmoriert wird (Abb. 6.12). Besonders im Winter und wenn es viel regnet, wird das Wasser im Pseudogley gestaut. Der Landwirt muss im Frühjahr oft ungeduldig darauf warten, dass der Acker mit einem Pseudogleyboden abtrocknet. Erst dann kann er ihn wieder mit Maschinen befahren und das Feld bestellen. Manchmal steht das Wasser sogar auf dem Feld. Im Gegensatz dazu können diese Böden im Sommer sehr trocken werden. Pseudogleye sind also Extremböden, was das Wasser angeht. Deshalb werden viele Pseudogleye als Grünland genutzt oder sind unter Wald.

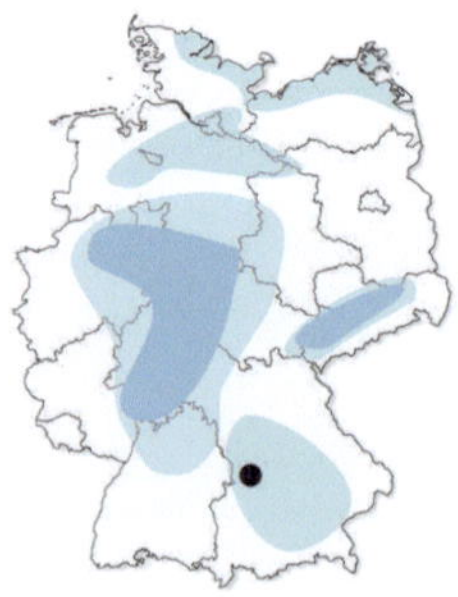

Abb. 6.11 Dieser Braunerde-Pseudogley im Landkreis Donau-Ries in Bayern hat sich aus einer *eiszeitlichen Fließerde* gebildet. Bis 70 cm Bodentiefe ist der Boden weniger dicht und eingedrungenes Wasser staut sich über dem darunter lagernden dichten Ton. (Foto: R. Harke)

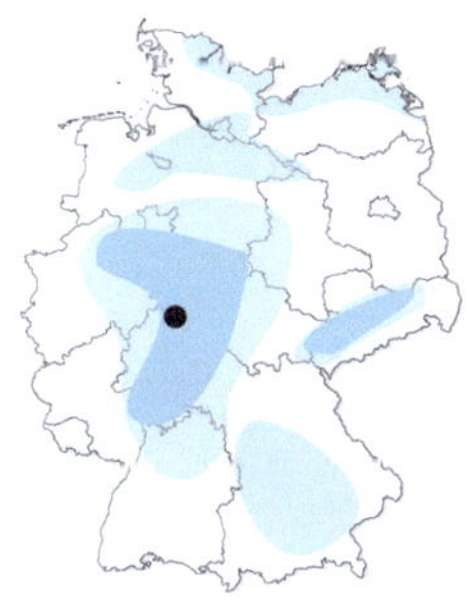

Abb. 6.12 Ein Parabraunerde-Pseudogley im Landkreis Marburg-Biedenkopf in Hessen. Ab 53 cm Tiefe führt eine bänderartige Tonverlagerung zu einem Staueffekt. Eine Parabraunerde hat sich durch den unterhalb von 78 cm Tiefe immer dichter und wasserundurchlässiger werdenden Tonanreicherungshorizont zu einem Pseudogley weiterentwickelt. (Foto: W. Hölzer)

Bunte Socken auch beim Pseudogley

Auch der Pseudogley bekommt durch das ständige Sauerstoff-Wechselspiel von sauerstoffreichen und sauerstoffarmen Bedingungen bunte Socken. Es besteht allerdings ein entscheidender Unterschied zur Färbung im Gley: Der Boden ist in seinem Porenraum nie gleichmäßig nass oder trocken. Das Sickerwasser läuft bei Wiederbefeuchtung im Herbst zuerst in die großen Poren, z. B. Risse zwischen Bodenaggregaten oder Regenwurmgänge. Dort werden die rostroten Eisenverbindungen zu hellen oder unsichtbaren Eisenverbindungen verwandelt (*Reduktion*). Sie wandern mit dem Wasser in die Bodenaggregate mit den kleinen Poren. Weil in den *Aggregaten* noch Sauerstoff ist, wird das Eisen dort als Eisenrost wieder ausgefällt und es entsteht eine Marmorierung des Bodens (Abb. 6.13, 6.14, 6.15). Diese Marmorierung zeugt davon, dass auf engstem Raum im Boden nebeneinander Sauerstoff an einer Stelle vorhanden war und an der benachbarten Stelle fehlte. Die roten Eisenoxide finden sich beim Pseudogley in den Feinporen der Bodenaggregate. Die großen Poren, Risse und Wurzelbahnen sind dagegen hell und ohne rote Färbung. Beim Gley ist das genau umgekehrt, dort findet sich die rote Färbung in den Gängen und Grobporen (Abb. 6.3). Obwohl Pseudogley und Gley auf den ersten Blick ähnlich scheinen, sind sie doch ganz verschieden. Der Pseudogley ist eben doch nur „pseudo“ und kein echter Gley.

Abb. 6.13 Ein Anmoor-Pseudogley im Landkreis Nordvorpommern. Im gesamten Bodenprofil lagert der Boden so dicht, dass sich das Regenwasser bis an die Oberfläche zurückstaut, wobei sich durch die Sauerstoffarmut ein hoher Anteil an *Humus* anreicherte (Anmoor) und den Oberboden dunkel färbte. Heute ist dieser Boden drainiert und wird als Wiese genutzt. (Foto: W. Hölzer)

Abb. 6.14 Ein klassischer Pseudogley im Landkreis Lippe in Nordrhein-Westfalen. Der dichtlagernde Stauwasserhorizont befindet sich in 90 cm Tiefe. Darüber staut sich das Regenwasser. Die unterschiedlichen Sauerstoffverhältnisse in den verschieden großen Bodenporen führen zu den bunten *oxidativen* und *reduktiven* Merkmalen. In den Regenwurmgängen stand das Wasser am längsten wodurch diese Bereiche um die Gänge herum heller gefärbt sind (*Reduktion* von Eisen). (Foto: M. Dinter)

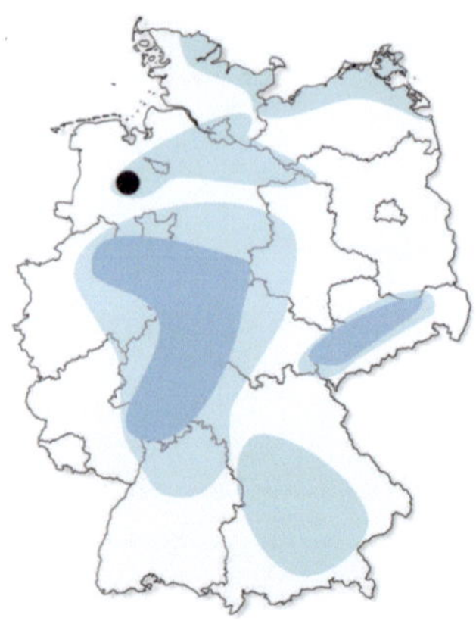

Abb. 6.15 Ein Braunerde-Pseudogley aus dem Landkreis Vechta in Niedersachsen. Bis in 70 cm Bodentiefe reicht der Stauwasserhorizont. Anhand der Bodenfarbe erkennt man wo sich das Stauwasser am längsten hielt und den Boden hell färbte. Dies ist besonders entlang von Wurzelgängen und Regenwurmröhren der Fall. Dadurch entsteht ein buntes Bild aus grauen und orangeroten Reduktions- und Oxidationsfarben des Eisens. (Foto: S. Evertsbusch)

Kleine schwarze Steinchen: Konkretionen

Bei genauem Hinsehen kann man gelegentlich im Übergangsbereich zwischen Stauhorizont und marmoriertem *Horizont* schwarze Punkte erkennen. Diese Punkte stellen sich bei genauer Betrachtung als kleine Steinchen (*Konkretionen*) heraus, die durch Ausfällung von Eisen und Mangan entstanden sind. Je öfter ein Boden Nass-und-Trocken-Wechsel durchmacht, desto mehr *Konkretionen* entstehen und desto größer werden sie. Jedes Mal, wenn der Boden wieder austrocknet, kommt es in der Bodenlösung des Pseudogleys zur Übersättigung an Eisen und Mangan. Diese Stoffe fallen dadurch als Partikel aus, werden also fest und lagern sich als neue Schale um die bestehenden *Konkretionen*. Diese wachsen dadurch und können bei uns ein paar Millimeter Durchmesser erreichen, in den Tropen sogar bis zu 10 cm (Abb. 6.16).

Abb. 6.16 Eisen-Mangan-*Konkretionen* sind typisch für Pseudogleye. Sie entstehen durch das Wechselspiel aus Befeuchtung und Austrocknung des Bodens. (Foto: R. Harke)

6.3 Marschböden – kurz vorm Meer

Streifen zwischen Meer und sandiger Geest

Ganz im Norden Deutschlands kurz vor der Nordsee liegt ein besonders fruchtbarer Streifen Landschaft. Hier findet sich auch das größte Obstanbaugebiet Europas (Altes Land), mit viel Obst- und Gemüseland und hohen Erträgen im Ackerbau. Möglich wird dies durch die besonderen Böden, die Marschböden. Entstanden sind Marschböden aus Wattsediment und nasse Füße durch das Grundwasser bekommen diese Böden auch. Das Grundwasser kann dort noch etwas salzig sein (brackig), und die Grundwasseroberfläche steigt und senkt sich tagtäglich mit den Gezeiten. Doch nicht alle Marschböden sind fruchtbar. Ein ganz junger Marschboden ist noch voll mit Meeressalzen und Kalk der Muschelschalen (Abb. 6.17). Er ist deshalb auch noch nicht als Ackerland nutzbar, sondern dient höchstens als Weide (Salzmarschen). Je älter der Marschboden wird, und je weiter er sich entwickelt, desto mehr wird sein Salz und Kalk ausgewaschen. Dabei entstehen Kalkmarschen (ohne Salz, maximal 300 Jahre alt), Kleimarschen (Abb. 6.18, 6.19 und 6.20) (teilweise Kalk, 300 bis 600 Jahre alt) und schließlich Knickmarschen (Abb. 6.21) (überwiegend kalkfrei, mit starker Verdichtung, älter als 1000 Jahre) und Dwogmarschen (Abb. 6.22) (überwiegend kalkfrei, mit überdeckten ehemaligen humosen Oberböden; Dwog: „schwarze Schnur"). Die ältesten Marschen sind jedoch die Organomarschen (ca. 2500 Jahre alt). Sie sind stark humos, kalkfrei und häufig stark sauer. Nicht selten findet man in Organomarschen Zwischenlagen von Torfen (Abb. 6.23).

Abb. 6.17 Muscheln in einer Kalkmarsch im niedersächsischen Landkreis Friesland. Die gut erhaltenen Muscheln befanden sich in einer Tiefe von 50–100 cm. Sie sind ein Zeichen dafür, dass der Marschboden noch relativ jung und aus Meeresboden entstanden ist. (Foto: R. Harke)

Abb. 6.18 Kleimarsch im Landkreis Cuxhaven in Niedersachsen. Nach regenreichen Tagen im Oktober staut sich das Wasser auf dem abgeernteten Maisschlag. (Foto: M. Dinter)

Abb. 6.19 Eine Kleimarsch in Hamburg. Genutzt wird der Standort als Apfelplantage. Bis in 30 cm Tiefe erkennt man den bearbeiteten humosen Oberboden. Darauf folgen die grundwasserbeeinflussten *Horizonte*: Zunächst bis 50 cm der Oxidationshorizont mit den Rostflecken, der nur zeitweise wassergefüllt ist. Unterhalb von 50 cm Tiefe liegt der graue Reduktionshorizont, der fast ständig unter Wasser steht. (Foto: B. Schemschat)

Kalkmarschen sind sehr fruchtbare Weizenstandorte und zählen neben den Tschernosemen zu den fruchtbarsten Böden in Deutschland. Mit zunehmenden Alter werden die Marschböden aber wieder schlechter, die Erträge sinken und insbesondere die Dwogmarsch und die Organomarsch sind durch Versauerung weniger fruchtbar, da Pflanzenwurzeln von Säuren geschädigt werden (siehe Themenbox zu Maibolt am Kapitelende). Die meisten Marschböden sind aber im Gegensatz zu den angrenzenden Böden der Geest fruchtbar und haben die wirtschaftliche Entwicklung der Region gefördert.

Abb. 6.20 Eine Kleimarsch im Landkreis Wesermarsch in Niedersachsen. Das ursprünglich kalkhaltige Bodenmaterial ist mittlerweile bis in 1 m Tiefe kalkfrei. Dieser Boden ist etwa 300–600 Jahre alt. Der Grundwassereinfluss reicht zeitweise bis an die Oberfläche, worauf die grauen und rostigen Farben hindeuten. Deshalb wird er nur als Weide genutzt. (Foto: W. Hölzer)

Marschböden werden wegen ihrer hohen Fruchtbarkeit seit über 2000 Jahren landwirtschaftlich genutzt. Seit über 1000 Jahren werden sie bei uns durch Deiche immer stärker geschützt. Am Anfang gab es nur kleine überflutungsgeschützte Hügel (Warften, Wurten). Auf ihnen wurden Häuser und Siedlungen zum Schutz vor der Sturmflut gebaut. Der römische Offizier und Universalgelehrte Plinius der Ältere (23 bis 79 n. Chr.) berichtet von dieser Gegend aus der Sicht eines sonnenverwöhnten Römers: „Dort bewohnt ein beklagenswertes Volk hohe Erdhügel, die mit den Händen nach dem Maß der höchsten Flut errichtet sind. [. . .] Und indem sie den mit den Händen ergriffenen Schlamm mehr im Winde als in der Sonne trocknen, erwärmen sie ihre Speise und die vom Nordwind erstarrten Glieder durch Erde" (Plinius der Ältere, Naturalis historia XVI 1, 2–4, Hrsg. von D. Detlefsen in 3 Bänden, Berlin 1866–1882). Zum Kochen und Heizen wurde also Torf genutzt, vielleicht aus einem Organomarschboden (Abb. 6.23). Seit dieser Zeit stieg der Meeresspiegel relativ zur Landoberfläche immer weiter (3 mm pro Jahr seit dem 16. Jahrhundert). Dieser Meeresspiegelanstieg war Ergebnis einer Ausgleichsbewegung der Landmassen, die durch die kilometermächtigen, eiszeitlichen Gletscherschilde heruntergedrückt waren. Nach dem Abschmelzen der skandinavischen Gletscher fing Skandinavien an sich zu heben und Norddeutschland zu senken. So mussten schließlich Deiche gebaut werden, um das Land vor dem Meer zu schützen. Auf dem gewonnenen Neuland begann die Nutzung der ehemaligen Wattflächen, der Marschen.

Unvergessen sind selbst Jahrhunderte zurückliegende Sturmfluten, wie die Große Mandränke („großes Ertrinken"). Sie brach im Januar 1362 herein und forderte wohl 100.000 Todesopfer. Sie riss ganze Küstenlandstriche davon und machte Land zu Meer. Die Marschböden sind also nicht nur junge Böden, die gerade entstehen. Sie wurden auch immer wieder vom Meer zurückgeholt und vernichtet. Nach den verheerenden Sturmfluten im Mittelalter wollte man das verlorene Land zurückgewinnen. Sagenhafte versunkene Orte wie Runghold sollten dem Meer wieder abgerungen werden. Neulandgewinnung war, wie in Holland, auch in Deutschland ein Großprojekt. Durch Eindeichungen wurde Marschland vom Meer getrennt, das als Koog (Schleswig-Holstein), Groden (Niedersachsen) oder Polder (Niederlanden) bezeichnet wird. Die harte Arbeit der Landgewinnung zahlte sich aus, denn die Marschböden, die sich dort entwickelten, waren nach der Entsalzung fruchtbar. Die Böden müssen nur durch Gräben und Pumpwerke drainiert werden. Das führt zu einer Sackung der Böden und die Drainage und Entwässerung darf niemals mehr gestoppt werden, wenn die Böden nicht wieder im Wasser versinken sollen. Oft gehen

Abb. 6.21 Eine Knickmarsch im Landkreis Nordfriesland in Schleswig-Holstein. Oberhalb des grundwasserbeeinflussten Bodenbereichs befindet sich in 30–50 cm Tiefe der sogenannte Knick. Knicke sind tonreiche, verdichtete *Horizonte*, die im Verlauf der über tausend Jahre langen Bodenentwicklung mit zunehmender Versauerung entstanden sind. (Foto: B. Schemschat)

Marschböden in Moorböden über oder würden ohne die ständige Drainage zu Mooren werden. Marschböden sind aufgrund ihrer Fruchtbarkeit ein Schatz, der aber viel Einsatz erfordert, um ihn für die landwirtschaftliche Nutzung zu erhalten.

Watt wird zu Boden

Die Gezeiten bedingen ein ewiges Kommen des Wassers mit der Flut und ein Gehen mit der Ebbe. Sie bewegen und verlagern Meeresbodenmaterial, wie man es bei einer Wattwanderung erleben kann. In Schleswig-Holstein werden z. B. bei jeder Flut 200.000 Tonnen Wattboden bewegt. Vorwiegend feinkörniges Material, wie *Schluff* und Ton, wurde mit der Flut und dem Meeresspiegelanstieg über Jahrhunderte an der Nordseeküste an der einen Stelle abgetragen und an anderer Stelle abgelagert. Es bildete das Ausgangssediment für die Entwicklung der Marschböden. Dieses Sediment gleicht Schlick und enthält ne-

Abb. 6.22 Eine Dwogmarsch im Landkreis Dithmarschen in Schleswig-Holstein. In 60–66 cm Tiefe erkennt man einen dunkler gefärbten humosen ehemaligen Oberbodenhorizont (Dwog), der von Gezeitensedimenten überdeckt wurde. Diese lagern teilweise so dicht, dass es zu einem Wasserrückstau bis an die Oberfläche kommen kann. Der Standort kann deshalb nur als Weide genutzt werden. (Foto: B. Schemschat)

ben Kalk aus Muscheln und anderen Schalentieren auch viel *Humus*. Doch nicht nur dieser *Humus* kann die Marschböden dunkel und schwarz färben. Auch Eisensulfid, färbt den Boden schwarz. Kommen die Sulfide mit Sauerstoff in Kontakt (z. B. durch Drainage) wird Schwefelsäure gebildet, die zur extremen Versauerung der alten Marschböden führt und damit zur dunklen Bodenfärbung.

Abb. 6.23 Typisch für die Organomarsch sind Zwischenlagen von Torfen, wie sie hier in 30 und ab 70 cm Tiefe erkennbar sind. Der Mineralboden ist mit einem Tongehalt von 50–70 % stark tonig und enthält viel *Humus*. Dadurch wird es in diesem *Horizont* faulig. Das riecht man auch, wenn man den Boden aufgräbt. Schwefelverbindungen, die nur unter sauerstoffarmen Bedingungen entstehen, verursachen den Fäulnisgeruch. Der Boden gehört zu den ältesten Marschböden und befindet sich bei Stade an der Elbe. (Foto: S. Evertsbusch)

Maibolt – die Zaubersubstanz

Einige Marschböden sind gar nicht fruchtbar und schienen den Menschen früher wie verzaubert zu sein. Diese Organomarschen sind mit bis zu 2500 Jahren die ältesten der Marschböden. In dem tonigen Material der Organomarsch (Abb. 6.23) finden sich häufig Pflanzenteile wie Schilf. Schilfgürtel prägten die Küstenlandschaft und wuchsen in lagunenartigen, brackigen Flachwasserzonen. Im Verlaufe der Gezeiten wurden die Schilfpflanzen immer wieder von den Gezeitensedimenten überdeckt und begraben und wurden zu torfartigem *Humus*. Die Organomarschen hatten besonders viel und deshalb besonders wenig Sauerstoff im Boden, da bei dessen Abbau durch Mikroorganismen Sauerstoff verbraucht wird. Gleichzeitig enthalten Marschböden große Mengen Schwefel. Diese Bedingungen führen zur Bildung besonderer chemischer Verbindungen. Eine dieser Verbindungen ist das sogenannte Maibolt (Jarosit) (Abb. 6.24), ein Kristalle bildendes schwefelhaltiges Mineral (Sulfat). Man erkennt es an intensiv gelb leuchtenden Sprenkeln im Unterboden der Organomarschen. Wird ein Organomarschboden umgepflügt, kann Maibolt an die Oberfläche gelangen. Unter Einfluss von Sauerstoff bildet sich daraus Schwefelsäure. Früher dachte man, dass der im Mai frisch umgepflügte Boden (das Maifeld) von Kobolden gelb gefärbt und vergiftet wurde. Daher der Name Maibolt. Tatsächlich wachsen Pflanzen auf diesen sauren Böden schlechter. Maibolt ist aber auch ein Indiz für Wasser, denn es entsteht nur unter Mitwirkung von Wasser. Maibolt wurde 2004 von der Raumsonde *Opportunity* auf der Oberfläche des Mars gefunden und war ein Indiz, dass es auf dem Mars flüssiges Wasser gegeben haben musste.

Abb. 6.24 Gelber Maibolt in einer Organomarsch in Niedersachsen im Landkreis Stade. (Foto: S. Evertsbusch)

Wenn aus Pflanzen Böden werden

7

Kapitel 7

Niedermoor (Foto: B. Schemchat)

Welcher Boden verbirgt sich hier unter dieser Wiese in Mecklenburg-Vorpommern?

A. Don, R. Prietz, *Unsere Böden entdecken*, https://doi.org/10.1007/978-3-662-71765-3_7

Moorböden wachsen aus Pflanzenresten

Böden entstehen aus verwittertem Gestein oder Sediment. Bei den Mooren ist das anders. Moorböden wachsen, weil sie aus Pflanzen entstehen, die absterben. Ihre Überreste häufen sich über Jahrtausende als Torf an und bilden das *Ausgangsmaterial* für diese ausgefallenen Böden. Torf ist eine besondere Art *Humus*, etwas sauer und faserig. Beim genauen Hinsehen lässt sich noch erkennen, woraus er entstanden ist: aus Torfmoosen, Schilf, Seggen oder anderen Pflanzen. Auch alle anderen Böden enthalten *Humus*. Im Oberboden liegt der Humusgehalt in der Regel zwischen 1 und 10 %. Moorböden dagegen bestehen zu fast 100 % aus *Humus*. Wie konnte sich in diesen Böden so viel *Humus* anhäufen? Der Grund ist, dass Wasser in Mooren natürlicherweise bis knapp unter die Bodenoberfläche steht. Es hält den Torf stets tropfnass und verhindert dadurch den Torfhumusabbau. Der fehlende Sauerstoff reduziert die Möglichkeiten der Bodenlebewesen Torfhumus abzubauen um 90 %.

Abgestorbene Pflanzenreste bleiben als Torf für Jahrtausende erhalten, und weil Pflanzen im Moor weiter wachsen und absterben, wächst das Moor jedes Jahr, bei uns um etwa 1–2 mm. Die Bildung der heutigen Moore begann nach der letzten *Eiszeit* vor etwa 8000 Jahren. So findet man bei uns bis zu 10 m mächtige Torfe, z. B. im Günnemoor im Landkreis Osterholz in Niedersachsen.

Wo findet man Moore?

Vor 300 Mio. Jahren zur Steinkohlezeit (Karbon) waren Teile Deutschlands (z. B. Ruhrgebiet, Aachener Bucht und Saarrevier bei Saarbrücken) von Mooren bedeckt und Deutschland lag in der Nähe des Äquators. Es war tropisch warm, und es wuchsen gigantische Farne, Schachtelhalme und andere Pflanzen. Diese Pflanzen lebten auf sumpfigem Untergrund. Absterbende Äste und Blätter versanken schnell im Wasser und wurden dort zu Torf. Immer wieder gab es Überflutungen, und das mit dem Wasser herantransportierte Feinmaterial überdeckte den Torf. Im Laufe der Jahrmillionen wurden so mehrere 100 m mächtige Sedimente über den Torfschichten abgelagert. Der Torf wurde dadurch stark zusammengedrückt und verändert. Er wurde erst zu Braunkohle und dann zu Steinkohle. Der Prozess wiederholte sich vor ca. 50 Mio. Jahren im *Paläogen* in einigen Regionen Deutschlands. Es gab erneut riesige Moorgebiete, die später von den Eismassen und den von diesen mitgeführten Sedimenten überdeckt wurden. Diesmal endete der Prozess bei der Braunkohle. Der geringere Druck und der kürzere Zeitraum reichten nicht aus, Steinkohle entstehen zu lassen.

Auch nach der letzten *Eiszeit* erlaubten die Klimabedingungen eine neuerliche Torfbildung. So bedeckten zur Römerzeit riesige Moore große Teile Norddeutschlands und der angrenzenden Regionen. Eine schwer zugängliche und Furcht einflößende Wildnis. Siedlungsgründungen fanden auf den wenigen trockenen Inseln in dieser sumpfigen Landschaft statt. Für Jahrhunderte galt es, den Mooren Herr zu werden und ihnen kultivierbares Land abzuringen (siehe Abschn. 7.1). Dies geschah durch Entwässerung, Brandkultur, Aufbringen von Sandboden, Torfabbau und schließlich im letzten Jahrhundert durch *Tiefpflügen*. So wurden die Moore als Ökosysteme fast vollständig zerstört. Die Moorböden sind aber teilweise noch da und werden in Deutschland größtenteils landwirtschaftlich genutzt.

Moore findet man dort auf der Erde, wo es nass ist, weil ein Wasserüberschuss herrscht. Entweder durch ausreichend viel Regen (in den Tropen z. B. in Indonesien) oder an Orten, an denen das Wasser kaum verdunstet (ganz im Norden, z. B. in Sibirien, Skandinavien oder Kanada). Wenn ein Moor ausschließlich von Niederschlagswasser versorgt wird, spricht man von Hochmooren (oder auch Regenmooren) (Abschn. 7.1). Kommt zusätzlich noch Grundwasser oder Oberflächenwasser hinzu, werden sie als Niedermoore bezeichnet (Abschn. 7.2). In Deutschland kommen Hochmoore vor allem im niederschlagsreichen Nordwesten und im Alpenvorland vor, während die Niedermoore insbesondere in Mecklenburg-Vorpommern, Brandenburg, Niedersachsen, Bayern und Schleswig-Holstein verbreitet sind. Bekannte Moorlandschaften sind zum Beispiel das Teufelsmoor bei Bremen mit der Künstlerkolonie Worpswede, die Flussniederungen von Eider, Treene und Sorge in Schleswig-Holstein, der Spreewald oder das schwäbische Donaumoos.

Moorböden schrumpfen durch die landwirtschaftliche Nutzung

Die meisten Moorböden sind bei uns durch die land- und forstwirtschaftliche Nutzung bis zur Unkenntlichkeit verändert. Man erkennt sie nur noch an der der tiefschwarzen Farbe der Maulwurfshügel oder der Farbe der Böden nach dem Pflügen. Auf Moore spezialisierte Pflanzen wie Torfmoose und Sonnentau gibt es dort nicht mehr. Die Moore als Ökosysteme sind bei uns zu 98 % zerstört und verschwunden, aber die Moorböden sind noch da. Durch Entwässerung, Düngung und Sandeinmischung sind sie zu hochproduktiven Standorten geworden. Meist werden sie als Grünland genutzt (70 %), teilweise aber auch als Acker (30 %).

Neben dem Verlust der besonderen Flora und Fauna der Moore rücken heute zwei andere Probleme der Moornutzung immer mehr in den Vordergrund: Torf ist organische Substanz und besteht damit rund zur Hälfte aus Kohlenstoff. Durch die Entwässerung wird Torf von Mikroorganismen zum Treibhausgas Kohlendioxid (CO_2) abgebaut – das Moor löst sich in Luft auf. Dadurch werden entwässerte Moorböden zu einer großen Quelle von CO_2 in Deutschland: Die jährlichen CO_2-Emissionen von nur einem Hektar Moorgrünland liegen durchschnittlich bei 32 t CO_2, was den Emissionen einer 200.000 km (!) Fahrt mit einem Kleinwagen entspricht. Obwohl Moorböden nur etwa 6 % der landwirtschaftlichen Fläche in Deutschland ausmachen, produzieren sie fast 40 % der landwirtschaftlichen Treibhausgase. Drainierte Moorböden verursachen so etwa 6 % der gesamten deutschen Treibhausgasemissionen.

Aufgrund dieser Torfzersetzung sackt die Mooroberfläche jedes Jahr etwa 1 cm ab. Statt zu wachsen, schrumpfen die Moore. Das verursacht große Schäden an Straßen und anderer Infrastruktur. Zudem verschärfen sich in küstennahen Regionen die Probleme beim Hochwasserschutz und der Entwässerung. Das gesamte Wasser aus Gräben und Fließgewässern muss über den Deich gepumpt werden. Ganz zu schweigen von Folgen eines möglichen Deichbruchs, denn einige Moorgebiete an der Küste liegen heute schon unterhalb des Meeresspiegels.

Die Uhr zurückdrehen

Naturschützer arbeiten schon seit Jahrzehnten daran, die Uhr zurückzudrehen und Moore wieder wachsen zu lassen, um die besondere Artenvielfalt der Moore zurückzuholen. Seit Neuestem kommen auch Klimaschutzprojekte hinzu. Die Grundidee ist einfach: Das Moor muss wieder nass werden! Diese Idee

Abb. 7.1 Die Moorleiche „Roter Franz“ aus Neu Versen bei Meppen. Sie wurde auch als „Ötzi aus dem Emsland“ bekannt und ist im Niedersächsischen Landesmuseum Hannover zu sehen. Entdeckt wurde sie 1900 beim Torfstechen in einem Hochmoor von Bernhard Herbers (24 Jahre) zusammen mit seiner 10-jährigen Schwester Anna. Der Rote Franz war möglicherweise ein germanischer Reiterkrieger von 1,85 m Größe. Seine Leiche ist geschrumpft durch die Trocknung und misst heute nur noch 1,46 m. Er starb vor etwa 1800 Jahren, als er noch keine 30 Jahre alt war. Wahrscheinlich wurde ihm die Kehle durchschnitten, als Opfer eines Raubüberfalls. Die Rotfärbung seiner Haare kann auch allein auf Grund der organischen Säuren des Torfs entstanden sein. (Axel Hindemith, Niedersächsischen Landesmuseum Hannover/Wikimedia Commons, Creative Commons BY-SA 3.0. DE)

verträgt sich nicht mit der jetzigen landwirtschaftlichen Nutzung und verursacht Konflikte und Herausforderungen. Obendrein sind auch die Eigenschaften der Moorböden irreversibel verändert. Erhöhte Nährstoffeinträge aus der Umgebung, Klimawandel und Veränderungen im Landschaftswasserhaushalt (z. B. Grundwasserentnahme) stellen andere Rahmenbedingungen für das Moor dar als zur Zeit der ursprünglichen Moorbildung. Trotzdem zeigen Beispiele in allen moorreichen Regionen Deutschlands, dass die moortypischen Arten zurückkommen können. Das Sacken des Moores kann gestoppt werden und im besten Falle wächst das Moor sogar wieder. Neue Möglichkeiten auch nasse Moore landwirtschaftlich zu nutzen, könnten zur Bewahrung der noch vorhandenen Moorböden beitragen. Zum Beispiel können Schilf zur Dacheindeckung oder andere nachwachsende Rohstoffe im Moor gewonnen werden.

Moore sind natürliche Archive

Der Gedanke an Moore ist oft mit gruseligen Geschichten von Irrlichtern, Dämonen und Moorgeistern verbunden. Vielleicht haben wir auch die Gefahr vor Augen, im Moor zu versinken. Die aus den Mooren geborgenen Moorleichen mit ihren verschrumpelten Gesichtern können einem einen Schauer einjagen (Abb. 7.1). Etwa 30 Moorleichen wurden in Deutschland geborgen und dokumentiert, die älteste ist fast 2700 Jahre alt. In ganz Europa sind es über 600 Moorleichenfunde. Durch den fehlenden Sauerstoff werden diese Leichen konserviert und zusätzlich gerben die organischen Säuren des Torfs die Haut und lassen sie lederähnlich werden.

Trotz der Moorleichenfunde ist erwiesen, dass das komplette Versinken eines Menschen in den meisten Mooren nicht möglich ist. In einem See geht ein Mensch normalerweise unter, denn die Dichte des menschlichen Körpers ist etwas größer als die des Wassers. Demgegenüber hat der nasse Torf in einem Moor eine höhere Dichte als Wasser. Dadurch würde ein menschlicher Körper im Torf wie ein Korken im Wasser nach oben gedrückt und kann nur ein Stück weit einsinken. Nur dort, wo Torflagen über Wasserflächen gewachsen sind (z. B. Schwingrasen), kann ein Mensch Versinken. Einmal stecken geblieben, kann es für einen Menschen aber trotzdem überall im Moor gefährlich werden. Ohne fremde Hilfe kann es unmöglich werden, sich zu befreien. Dieses Schicksal erlitten wahrscheinlich einige der zahlreichen Moorleichen. Archäologische Funde deuten auch darauf hin, dass es in der Frühgeschichte üblich war, Menschen im Moor zu opfern. Steine an den Füßen der Moorleichen zeugen davon, dass auch Todesstrafen im Moor vollstreckt wurden. Auch gibt es die Vermutung, dass durch eine Moorbestattung verhindert werden sollte, dass diese als Geister wieder auferstehen.

Neben spektakulären archäologischen Moorfunden entdeckt man aber auch ganz kleine, unscheinbare Dinge in jedem Moor. Sie sind eine der wichtigsten Quellen zur Rekonstruktion der Klima- und Landschaftsgeschichte: die Blütenpollen. Über die Zusammensetzung der Pollen in den verschiedenen Schichten der Moore kann die Vegetationsgeschichte in unmittelbarer Umgebung rekonstruiert werden. Aus der Vegetationszusammensetzung wiederum lässt sich auf die Klimabedingungen während der Zeit der Torfbildung schließen. Pollenfunde helfen auch, die Frage zu klären, wie stark der Mensch zu jener Zeit mit Ackerbau und Viehzucht in die natürliche Vegetationsentwicklung eingegriffen hat. Ein steigender Anteil von Pollen von Ackerfrüchten wie Gerste und Emmer zeigt, dass die Landwirtschaft vor 7700 Jahren über den Balkan kam. Sie begann, sich in Mitteleuropa an Standorten mit guten Böden zu etablieren.

7.1 Hochmoor – wo das Torfmoos wächst

Viel Wasser, wenig Nährstoffe

Hochmoore (Abb. 7.2, 7.3, 7.4) entstehen dort, wo es eine positive Wasserbilanz gibt, also wo es viel mehr regnet als verdunstet. Dementsprechend finden sich Hochmoore in niederschlagsreichen und kühlen Regionen in Norddeutschland westlich einer Grenze von etwa Kiel bis Hannover und vereinzelt auch in Mittelgebirgshöhen und im Alpenvorland. Hochmoore brauchen den Regen und Schnee, denn nur diese versorgen sie mit Wasser. Da Niederschlagswasser fast keine Nährstoffe enthält, sind Hochmoore unsere nährstoffärmsten Ökosysteme. Auch die dort entstandenen Böden sind entsprechend nährstoffarm. Torfmoose (Sphagnum) sind die dominierenden Pflanzen in ungestörten Hochmooren. Sie bilden zusammen mit Wollgräsern und verschiedenen Zwergsträuchern (z. B. Glockenheide) den Ausgangsstoff für Hochmoortorf, ein lockeres gelbliches, rotbraunes oder auch fast schwarzes Material.

Bäume dagegen sehen meist kümmerlich aus, bleiben am Rande des Hochmoores oder bilden langsam wachsende Zwergformen aus. Torfmoos ist eine Pflanze, deren „Kopf" oben noch wächst und lebt während ihre „Füße" unten schon abgestorben sind und zu Torf werden. Wo die Pflanze aufhört und wo der Boden beginnt, darüber kann man beim Hochmoor trefflich streiten. Torfmoose sind hervorragend an die extremen Lebensbindungen im Hochmoor angepasst: Sie leben in Gemeinschaft mit Mikroorganismen, die Stickstoff aus der Luft binden und für das Torfmoos verfügbar machen. Torfmoos gibt selbst Säuren ab, die anderen Pflanzen das Wachstum erschweren. Torfmoose können ihre Verdunstung und damit ihren Wasserverlust verringern, indem sie in Trockenzeiten weiß werden („Bleichmoose"). Um nie trocken zu fallen, kann auch der ganze Torfkörper um mehrere Dezimeter absinken. Dadurch sackt der Torfkörper wieder in Bereiche die nass sind. Dies ist möglich durch den extrem hohen Wasseranteil des Torfes (>95 %). Gleichzeitig sorgt diese Schwammeigenschaft auch dafür, dass das Moor nicht überflutet wird wenn einmal viel Wasser da ist.

Abb. 7.2 Ein flaches Hochmoor im niedersächsischen Landkreis Vechta. Das Hochmoor hat sich über einem Niedermoor gebildet. Unterhalb von 80 cm Tiefe sieht man das helle, sandige Material. das vor der Moorbildung abgelagert wurde. Wahrscheinlich war es ein Seesediment, und durch Verlandung des Sees ist das Moor entstanden. (Foto: M. Dinter)

Abb. 7.3 Ein Erdhochmoor im niedersächsischen Landkreis Osterholz. Die Torfschicht ist hier über 2 m mächtig. Durch die Absenkung des Wasserspiegels vererdet der Torf allmählich. Das heißt, das Moor degradiert, sackt und verliert Torf. (Foto: T. Rauschen)

Wo Pflanzen zu Fleischfressern werden

Die Nährstoffarmut im Hochmoor ist so extrem, dass die Moorpflanzen besondere Strategien entwickelt haben, um mit diesem Mangel zurechtzukommen. Aus dem Torf eines Hochmoores gibt es wenig zu holen. In der Luft hingegen schwirrt es im Moor umso mehr, durch Mücken und andere Insekten. Das Chitinskelett der Mücken besteht zu 7 % aus Stickstoff und auch das Blut, das die Weibchen gesaugt haben, ist voller Nährstoffe. So haben sich fleischfressende Pflanzen entwickelt, wie der Sonnentau (Abb. 7.5), die ihren Bedarf an Nährstoffen mit Insektenfleisch aus der Luft decken. Die allermeisten Hochmoore bei uns werden aber als Äcker und Wiesen genutzt (siehe unten). Dort haben der Sonnentau und die andere Moorspezialisten keine Chance mehr. Nur 8 % der deutschen Hochmoore sind noch intakt.

Ohne Nährstoffe und doch Gärtners Liebling

Hochmoortorf ist nährstoffarm und sauer. Die für Pflanzen wichtigen mineralischen Nährstoffe Stickstoff, Phosphor und Kalium sind im Torf Mangelware. Trotzdem ist Hochmoortorf aus dem professionellen Garten- und Gemüsebau bisher kaum wegzudenken und auch bei Hobbygärtnern beliebt. Ein Fünftel des Torfverbrauchs in Deutschland findet in privaten Gärten und auf Balkonen statt. Über 8 Mio. Kubikmeter Torf werden jährlich aus norddeutschen Mooren auf einer Fläche von knapp 10.000 ha abgebaut. Zusätzlich werden noch knapp 2 Mio. Kubikmeter Torf aus dem Baltikum importiert, um den Bedarf zu decken.

Warum findet so viel Torf trotz seiner Nährstoffarmut im Gartenbau Verwendung? Der Grund liegt in der einfachen Handhabung. Mit synthetischen und mineralischen Düngern werden dem Torf die fehlenden Nährstoffe zugefügt und der für die angebaute Pflanze passende *pH-Wert* durch Kalkzugabe eingestellt. Torf kann wie ein Schwamm die vielfache Menge seines Eigengewichts an Wasser speichern und damit Pflanzen mit Wasser versorgen. Außerdem ist er frei von lästigen Unkrautsamen. Ist Torf ein nachwachsender Rohstoff und sein Verbrauch als Blumenerde unbedenklich? In Anbetracht der einzigartigen Artenvielfalt von Moorökosystemen, der Bedeutung als Kohlenstoffspeicher und der geringen Geschwindigkeit, mit der er nachwächst, sicher nicht.

Abb. 7.4 Ein Erdhochmoor im niedersächsischen Landkreis Diepholz. Bis in 50 cm Tiefe reicht die bereits vererdete Torfschicht. Die *Degradation* des Moores ist durch die Entwässerung also weit fortgeschritten. Unterhalb der Torfschicht erkennt man bis in 60 cm Tiefe den gebleichten Auswaschungshorizont eines Podsols, der vor der Moorbildung hier entstanden war (Abschn. 3.2). Die ausgewaschenen Humus- und Eisenanteile haben sich darunter bis in 80 cm Tiefe wieder abgelagert. (Foto: R. Harke)

Moorbrandkultur und Fehnkultur

Die Moorlandschaften in Norddeutschland und im Alpenvorland waren die letzten Flächen, die von Menschen noch weitgehend unbesiedelt und nicht kultiviert waren. Erst im 18. Jahrhundert wuchsen die Bevölkerung und der Bedarf an Lebensmitteln so stark, dass die Moorkultivierung im großen Maßstab begann. Die Technik dazu war in Holland im 16. Jahrhundert entwickelt worden, die Moorbrandkultur. Dazu wurden Moorflächen mit Gräben flach entwässert, um sie dann in Brand stecken zu können. Die mineralischen Nährstoffe, die durch den Brand entstanden, versorgten die Ackerkulturen mehr schlecht als recht. Buchweizen als anspruchslose Kultur oder Hafer und Roggen wurden angebaut. Nach wenigen Jahren war auf den Mooräckern nichts mehr zu ernten. Sie mussten sich als Brache wieder erholen, um dann wieder gebrannt zu werden.

Moorbrände verpesteten die Luft mit Rauch und Schadstoffen. Um die Moore auch ohne Abbrennen nutzen zu können, wurde eine neue Technik entwickelt. Die sogenannte Fehnkultur kam wieder aus den Niederlanden. Das Wort Fehn kommt aus dem Niederdeutschen und heißt Moorgebiet. Bei der Fehnkultur wurde zunächst ein tiefer Kanal mit einigen Seitenkanälen gegraben. Er diente sowohl der Entwässerung der Moore als auch als Verkehrsweg. Das Moor wurde dadurch so trocken, dass Torf als Brennstoff abgebaut werden konnte – das Abtorfen. Der gestochene Torf wurde mit Schiffen abtransportiert und zum Beispiel in holländischen Kachelöfen zum Heizen genutzt. Auf den links und rechts der Kanäle abgetorften Streifen wurden auf dem mineralischen Boden Häuser errichtet. Hinter den Häusern lagen die lang gestreckten Ackerflächen. Die Torfschiffe brachten auf dem Rückweg Flussschlick mit, mit dem die Felder gedüngt wurden. Auch Sand wurde auf den Torfacker aufgebracht. Doch der Ackerbau brachte nur karge Erträge. Zusammen mit den Einnahmen aus dem Torfverkauf reichten sie den Siedlern kaum zum Überleben.

Abb. 7.5 Sonnentau ist eine typische Pflanze in Hochmooren. Einen Teil ihres Nährstoffbedarfs deckt sie durch Insektenfang aus der Luft. An den klebrigen Tropfen bleiben die Insekten kleben. (Foto: B. Tiemeyer)

Deutsche Hochmoorkultur und Sandmischkultur

Mit der Erfindung des chemisch-synthetischen Stickstoffdüngers trat die Moorkultivierung in eine neue Phase. Ab 1892 machte die Deutsche Hochmoorkultur die Kultivierung der letzten großen Hochmoorkomplexe in Nordwestdeutschland möglich und löste die Fehn- und Moorbrandkultur ab. Bei der Deutschen Hochmoorkultur wurde nicht mehr gebrannt, was zu viel Rauchgase verursachte und auch nicht abgetorft. Die Flächen wurden mit Graben- und Rohrdränung entwässert und dann je nach Nutzungsziel gekalkt und gedüngt. Mineraldünger mit Kali, Phosphor, Kalk und Stickstoff machten es möglich. 250 Moorkolonien entstanden so in zwei Jahrhunderten. Hochmoore wurden zu hochproduktiven landwirtschaftlichen Standorten und sind es oft bis heute.

Die dauerhafte Moorentwässerung war nicht einfach. Sobald das Moor trocken war, zersetzte sich das Moor und sackte. Die Mooroberfläche senkte sich, bis sie wieder im Grundwasser lag, nass wurde und die Torfzersetzung aufhörte. Die Gräben musste also immer tiefer gegraben werden. Immer größere Windmühlen wurden benötigt, um Schöpfwerke anzutreiben, die das Wasser aus den Gräben und Kanälen der eingedeichten Flächen hinaus pumpten. Diese Pumpwerke sorgen bis heute dafür, dass nicht weite Flächen entlang der Nordseeküste im Wasser versinken oder versumpfen.

Um die Bewirtschaftung der Böden weiter zu verbessern, kamen ab Mitte des 19. Jahrhunderts Dampfpflüge, Bagger und Raupen zum Einsatz. Bei der Deutschen Sandmischkultur wurde bis zu 2,5 m tief gepflügt, sodass die charakteristisch schräggestellten Sand-Torf-Balken entstanden (Sandmischkultur, Abschn. 9.1). Der Oberboden wurde anschließend planiert und gepflügt. Die Sandstreifen wirken entwässernd, sodass eine zusätzliche Drainage nicht notwendig ist.

Im 19. Jahrhundert wurde in der Altmark in Brandenburg die Sanddeckkultur eingeführt. Hier wurde Sand aus Gräben gebaggert und oben auf den Torf aufgebracht. Später entstanden sowohl aus Nieder- als auch aus Hochmooren Sanddeckkulturen mittels großer Spezialmaschinen (Besandungsmaschinen oder Kuhlmaschinen).

Den Moorböden wurde das entzogen, was sie wachsen ließ: das Wasser. Durch Entwässerung verändern sich die Eigenschaften der Torfe irreversibel. Die Oberböden „vererden" und „vermulmen", das heißt, sie werden zunächst krümelig und schließlich pulverig (Abb. 7.3 und 7.4). In den Unterböden entstehen Risse. Letztendlich entwickelt insbesondere entwässerter Niedermoortorf problematische Eigenschaften (z. B. Stauwasserbildung), und eine Nutzung wird immer schwieriger. Böden die sich aus degradierten Hochmooren entwickeln nennt man Erdhochmoore.

7.2 Niedermoor – der wachsende Sumpf

Wasser von überall

Niedermoore entstehen genau wie Hochmoore bei Wasserüberschuss (Abb. 7.6, 7.7, 7.8, 7.9, 7.10). Das Wasser der Niedermoore stammt aber nicht nur vom Niederschlag, sondern auch aus dem Grundwasser, aus Quellen oder aus der Überflutung durch Binnen- und Küstengewässer. So können Niedermoore beispielsweise durch Verlandung von Seen oder durch Versumpfung bei großflächigem Grundwasseranstieg entstehen. Entsprechend sind die Niedermoore sehr vielgestaltig. Wenn der Niederschlag ausreicht, können Hochmoore auf Niedermooren aufwachsen (Abb. 7.2), d. h. das Moor wird unabhängig vom Grundwasser von unten und nur noch durch Niederschlagswasser gespeist und wird entsprechend nährstoffarm.

Natürliche Niedermoore können im Winter und Frühjahr auch überflutet sein. Das macht deren landwirtschaftliche Nutzung schwer – jeder Schlepper würde stecken bleiben. Auch lässt sich ein nasses Niedermoor kaum beweiden. Nicht nur, weil die meisten Tiere (außer vielleicht ein Wasserbüffel) mit ihren Hufen versinken würden, sondern auch, weil niedermoortypische Sauergräser von den Wiederkäuern verschmäht werden – sie mögen es lieber süß (Süßgräser). Dennoch wurden Niedermoore schon im Mittelalter zumindest in Randbereichen zur Streugewinnung und zur Beweidung genutzt.

Friedrich der Große war in Preußen ein großer Verfechter der Moorkultivierung und trieb sie überall voran. Im ehemaligen Preußen finden sich meist Niedermoore, die nährstoffreicher sind als Hochmoore und deshalb trockengelegt oft fruchtbares Ackerland wurden. 142.000 ha neue Landwirtschaftsfläche wurde so geschaffen und begründeten den Speckgürtel Berlins. Auch in anderen Regionen folgten die Fürsten im 18. Jahrhundert dem Beispiel Preußens und entwässerten ihre Moore. Heute werden in Deutschland die meisten Niedermoore als Grünland und einige als Acker genutzt (Abb. 7.7). Die Böden von degradierten Niedermooren nennt man Erdniedermoore. Nur noch Reste von Niedermooren sind mit natürlicher Vegetation bewachsen und stehen unter Schutz.

Die große Vielfalt

Im Gegensatz zu den sauren und nährstoffarmen Hochmooren sind die Niedermoore sehr vielfältig: Je nach Herkunft des Wassers können sie sauer oder kalkreich (Abb. 7.10), nährstoffärmer oder nährstoffreich sein. Entsprechend vielfältig ist die Vegetation: An nährstoffärmeren Standorten wachsen unter sauren Bedingungen Torfmoose und Sauergräser (Seggen). An nährstoffreichen Standorten werden auch Pflanzen größer: Schilfröhrichte und Erlenwälder (Auenbruchwälder) bestimmen neben den Seggen die Moorvegetation. So kann auch aus den Pflanzenresten im Torf auf die Bedingungen während der Moorbildung geschlossen werden (Abb. 7.6).

Niedermoore sind Multitalente. Sie beherbergen nicht nur zahlreiche Tier- und Pflanzenarten, sie binden auch zuströmende

Abb. 7.6 Niedermoor aus Schilftorf. Das Moor ist im Verladungsbereich eines Sees entstanden. Große helle Stücke von Schilfresten sind noch zu finden, die Tausende von Jahren alt sein können. Neben Schilf sind Reste von Seggen und kleinen Würzelchen zu finden. Die dunklen Stückchen sind Rindenteile von Moorbirken. Anhand der erhaltenen Pflanzenresten in den verschiedenen Tiefen des Niedermoortorfes kann man die Entwicklung des Moores rekonstruieren. (Foto B. Tiemeyer)

Abb. 7.7 Niedermoor. **a** im bayerischem Landkreis Unterallgäu (Acker), **b** in Mecklenburg-Vorpommern (Grünland) und **c** in Mecklenburg-Vorpommern (Erlenbruchwald). (Fotos: a T. Rauschen, b B. Schemschat, c A. Don)

Nährstoffe und bewahren sie vor der Auswaschung in Fließgewässer. Sie sind gewissermaßen die „Nieren der Landschaft". Insbesondere an Flussläufen bilden sie Rückhalteräume für Hochwasser. Sie können, wie auch die Hochmoore, zur Kühlung des Lokalklimas beitragen und sind ein Archiv der Landschafts- und Kulturgeschichte.

Niedermoor in Niederungen

Viele Niedermoore findet man im norddeutschen Tiefland. Dort steht das Grundwasser nicht so tief wie im Mittelgebirge. Da Niedermoore nicht auf Niederschlag angewiesen sind, findet man sie auch in den regenärmeren Gebieten Deutschlands in Brandenburg, Mecklenburg-Vorpommern und Sachsen-Anhalt. Entlang von Bach- und Flussläufen kommen Niedermoore in ganz Deutschland vor und werden dort als Auenmoore bezeichnet. Niedermoore entwickeln sich auch oft im Uferbereich von stehenden Gewässern, wo Schilf und Rohrkolben diese immer mehr verlanden lassen und zu Niedermooren machen.

Niedermoore wachsen, weil sich immer mehr abgestorbenes organisches Material als Torf aufhäuft. Je hoher das Niedermoor wächst, desto weiter entfernt es sich vom Grundwasser oder anderen Wasserquellen. So werden aus Niedermooren bei ausreichend hohen Niederschlägen langsam Hochmoore. Die Baumvegetation verschwindet und die an nährstoffarme Bedingungen angepassten Pflanzen des Hochmoores, wie Torfmoose und Wollgras, übernehmen.

Abb. 7.8 Ein Erdniedermoor im Landkreis Ostvorpommern in Mecklenburg-Vorpommern. Das Moor reicht bis in 170 cm Tiefe. Durch Grundwasserabsenkung sind die oberen 40 cm des Torfes bereits vererdet, das heißt stark degradiert, was auch an der schwarzen Färbung erkennbar ist. (Foto: T. Rauschen)

Abb. 7.9 Erdniedermoor im niedersächsischen Landkreis Rotenburg (Wümme). Der Torfkörper reicht hier bis ca. 60 cm Tiefe. Darauf folgt der vom Grundwasser gebleichte Sandboden, in dem mehrere humusreiche Bänder eingelagert sind. Sie können zum Beispiel bei Überschwemmungen des jungen Moores entstanden sein, bei denen Sandschichten auf dem Moor abgelagert wurden. (Foto: R. Harke)

Abb. 7.10 Ein Erdniedermoor im bayerischen Landkreis Starnberg über kalkreichen *Mergelstein*. Der Torf reicht hier bis 50 cm Tiefe. Die oberen 20 cm sind bereits vererdet. (Foto: T. Rauschen)

Wenn Flüsse Böden schaffen

8

Vega ˙Foto: T. Rauschen)

Welcher Boden findet sich in diesem Bachtal in Baden-Württemberg?

A. Don, R. Prietz, *Unsere Böden entdecken*, https://doi.org/10.1007/978-3-662-71765-3_8

- **Überschwemmung gehört dazu**

Jedes Jahr wieder kam das Hochwasser, und jedes Jahr brachte es eine Schlammschicht mit, die mal nur Millimeter dick, mal bis zu einigen Zentimetern dick war. Die Bewohner entlang der Flüsse und Bäche kannten dieses Frühjahrsphänomen. Trotzdem blieben sie in deren Nähe, denn Bäche und Flüsse konnten sie vielfach nutzen. Ihre Wasserkraft hat zum Beispiel Mühlen angetrieben. Aus dem nährstoffreichen Schlamm mit einem hohen Humusanteil, der sich im Überflutungsbereich abgelagert hatte, entwickelten sich fruchtbare Böden.

Auch die ersten Hochkulturen entstanden im Überschwemmungsbereich der Flüsse Euphrat und Tigris (Mesopotamien) und am Nil (Ägypten). Hochwasser zwang die Flussanwohner aber oft zu einem Neuanfang. Denn die Fluten rissen regelmäßig alles an Hab und Gut davon. Heute hat der Mensch Bäche und Flüsse bei uns weitgehend durch Dämme und Stauwehre gebändigt. Nur manchmal zeigen sie noch ihre gewaltige Kraft, wie zum Beispiel beim Hochwasser im Juni 2013 an der Elbe und anderen Flüssen in Mitteleuropa. Allein in Deutschland wurde damals in 55 Gemeinden Katastrophenalarm ausgerufen, und es entstanden Schäden in Höhe von über 6 Mrd. €. Vor der Eindeichung und Begradigung der Flüsse war ihre Zerstörungskraft noch unkontrollierbarer.

Abb. 8.1 Flussaue der Elbe bei Bleckede (Niedersachsen). Hier steht das Grundwasser hoch an und kann in niederschlagsreichen Jahren zeitweilig kleine Seen bilden. Das macht die Bewirtschaftung dieser Standorte schwierig, sodass sie häufig nur als Grünland genutzt werden können. (Foto: B. Schemschat)

Die Gebiete im Bereich von Flusstälern, die durch regelmäßige Überflutungen des Flusses geprägt sind, nennt man Auen (Abb. 8.1). Am Ende der *Eiszeiten* wurden viele der Auen mit Schotter und Kies gefüllt. Heute bilden diese Schotter *Terrassen* entlang der Täler und können in Kiesgruben gewonnen werden. Über diese Schotter wurde in den Auen ein buntes Sammelsurium an Material abgelagert. Schichten, die aus Schlamm (lehmiges Feinmaterial), Sand oder auch Humus (halb zersetzte Pflanzenreste, Torf) bestehen. Entlang eines Flusslaufs verändern sich die Sedimente. So werden im oberen Teil eines Flusses (Oberlauf) erst die schwersten Steine und Kies abgelagert, weiter unten lagern sich die Sande ab. Im unteren Teil des Flusses Richtung Meer (Unterlauf) lässt das Gefälle und die Kraft des Flusses nach und die feinsten Teilchen sinken ab und werden abgelagert. Das Material, aus dem die Auenböden entstanden sind, ist also sehr vielfältig. Entsprechend gibt es auch unterschiedliche *Bodentypen*, die von Flüssen geschaffen wurden.

Die Fluss-Bodensystematik

Je nach Lage entlang des Flusslaufs und Entfernung vom Flusslauf haben sich ganz unterschiedliche *Bodentypen* mit teilweise exotischen Namen gebildet. Die jüngsten Böden nennt man Rambla (span.: „Trockenflussbett“). Das sind Rohböden mit vielen Steinen und Sand, bei denen kaum Bodenentwicklung stattgefunden hat. Der Fluss setzt fast jedes Jahr die Bodenentwicklung wieder auf null. Diese Böden haben sich an den Flussoberläufen dicht am Flusslauf gebildet und spielen landwirtschaftlich keine Rolle.

Am Flussmittellauf nimmt die Strömungsgeschwindigkeit ab. Das Wasser dringt bei Überflutungen weiter ins Land ein. Durch die Ablagerung von meist sandigen Sedimenten bilden sich tiefer und weiter entwickelte *Bodentypen*. Pflanzen können sich hier ansiedeln, da sie von der Strömung nicht mitgerissen werden. Ihr Laub bildet an der Bodenoberfläche einen ersten humosen *Horizont*, eine Paternia entsteht (Abschn. 8.1; Abb. 8.2–8.4).

Mächtigere, feinbodenreiche Auenlehme, die in vielen Schichten durch viele Überflutungen abgelagert wurden, bildeten sich am Flussunterlauf bis weit vom Fluss entfernt ins Land hinein. Die Strömungsgeschwindigkeit nahm weiter ab und die Flüsse schlängelten sich in großen Schleifen durchs Land (siehe Themenbox Flussschlange am Kapitelende). Feinste Bodenteilchen konnten bei geringer Strömungsgeschwindigkeit absinken und wurden abgelagert. Je nach Grundwasserstand und Humusgehalt bildeten sich der schwarzerdeähnliche Boden Tschernitza (Abb. 8.5) oder eine Vega (Abschn. 8.2; Abb. 8.6 und 8.7). Auenböden entwickeln sich nach einer Eindeichung langsam zu „normalen“ Nichtauenböden weiter, da die typische Auendynamik mit *Erosion* und Sedimentation weitgehend ausbleibt. Dies zeigt, wie sehr die regelmäßigen Überschwemmungen zu diesen Böden dazugehören. Auenböden sind oft eng vergesellschaftet mit Gleyen. Der Unterschied ist, dass Gleye nicht aus Auensedimenten entstanden sein müssen (Abschn. 6.1).

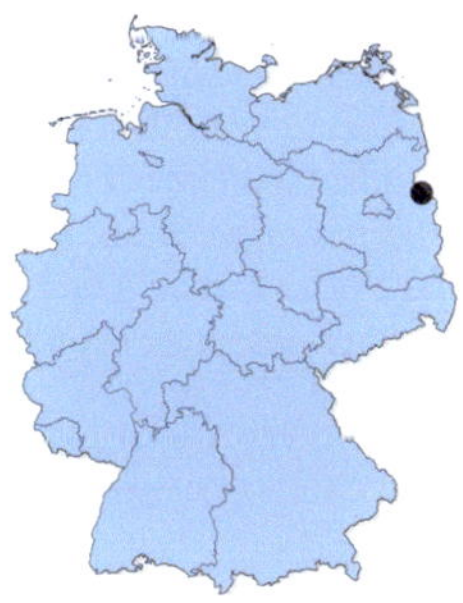

Abb. 8.2 Diese Paternia hat die Oder in Brandenburg geschaffen. Immer wieder trat der Fluss über die Ufer und lagerte sandiges Material ab, dazwischen ist in dünnen Lagen auch humoses Bodenmaterial zu erkennen. Bis 30 cm Tiefe erkennt man deutlich den mit dem Pflug bearbeiteten und mit *Humus* angereicherten Oberboden. Befahren der Fläche mit schwerem Gerät im nassen Zustand könnte zu der unregelmäßigen Unterkante des Pflughorizonts geführt haben. (Foto: B. Schemschat)

Zeitzeugen des Bergbaus

Auenböden kommen weltweit entlang der Flüsse und Bäche vor und stellen in Deutschland 5 % der landwirtschaftlichen Fläche. Sie habe eine wichtige Filterfunktion, da viel Trinkwasser in Auen als Uferfiltrat gewonnen wird. Außerdem dienen sie dem Hochwasserschutz, da sie viel Wasser speichern können. Entlang einiger Flüsse sind sie aber auch Zeitzeugen des Bergbaus und des Industriezeitalters und den damit einhergehenden Belastungen mit Schwermetallen und organischen Schadstoffen. Hochbelastete Abwässer z. B. aus der Montanindustrie wurden ungeklärt in die Gewässer geleitet und vergifteten mit Hochwasserablagerungen die gesamte Aue. Die Flüsse Innerste und Oker, die im Harz entspringen, und die Mulde, aus dem Erzgebirge kommend, haben so viel Cadmium, Blei und andere Schwermetalle in die Auensedimente gespült, dass die Auenböden bis heute hoch belastet sind und eigentlich als Sondermüll behandelt werden müssten. Während organische Schadstoffe mit der Zeit abgebaut werden können, bleiben diese Böden für immer schwermetallbelastet. Aus den Böden werden Schwermetalle von Pflanzen aufgenommen. In diesen Auen angebauter Weizen, Roggen und andere Ackerfrüchte sind oft so stark mit Schwermetallen belastet, dass sie die Lebensmittelgrenzwerte um ein Vielfaches überschreiten. Sie können dann nur als Futter oder zur Bioenergieproduktion genutzt werden. Auch in den Gewässern transportiertes Mikroplastik wird in den Auen abgelagert. In Auenböden finden sich die höchsten Mikroplastikkonzentrationen im Vergleich zu anderen Böden.

8.1 Paternia, Carbonatpaternia und Tschernitza – die Besonderen in der Aue

Paternia, der junge Auenboden

Die Paternia ist ein *Bodentyp*, der aus kalkfreien jungen Flusssedimenten entstanden ist (Abb. 8.2). Sie hat sich meist etwas weiter vom Flussufer entfernt am Mittellauf der Flüsse gebildet. Hier nimmt die Strömungsgeschwindigkeit soweit ab, dass vor allem sandige Sedimente abgelagert werden. Der Fluss ist hier nicht mehr so wild. Pflanzen wurden hier nicht gleich wieder davongeschwemmt und führten zur Humusanreicherung in diesen jungen Böden. Das geschieht hier sehr schnell innerhalb von Jahrzehnten.

Der Name Paternia leitet sich ab vom spanischen Fluss Rio Paternia. Meist besteht die Paternia aus Sand, kann sich aber auch aus Kiesen und Schottern mit humusreichen Zwischenschichten entwickeln. Die Paternia hat Ähnlichkeit mit dem Lockerranker (Abschn. 2.3) weil sie auch ein junger, schwach entwickelter Boden ist.

Carbonatpaterina, die junge Fruchtbare

Enthalten die jungen Flusssedimente Kalk, entwickelt sich eine Carbonatpaternia (Abb. 8.3 und 8.4). Dies ist bei Flüssen, die in den Alpen entspringen und von dort Kalksteinmaterial mitbringen, der Fall. Die Carbonatpaternia ist wegen ihres Kalkgehaltes ein besonders fruchtbarer Boden. Regenwürmer fühlen sich in diesen Böden besonders wohl und verbinden durch ihre Fraß- und Grabaktivität im Boden Mineralpartikel mit *Humus* zu einem fruchtbaren Krümelgefüge.

Abb. 8.3 Diese Carbonatpaternia hat die Donau bei Ingolstadt in Bayern geschaffen. Der Kalk in diesem Boden stammt aus der Schwäbischen Alb und aus den Alpen. Zunächst hat der Fluss nur kiesiges Material abgelagert. Man erkennt den Kies deutlich unterhalb von 70 cm Tiefe. Darüber spülte der Fluss bei späteren Überflutungen Sande und Lehme, die eine ackerbauliche Nutzung möglich machten. (Foto: S. Evertsbusch)

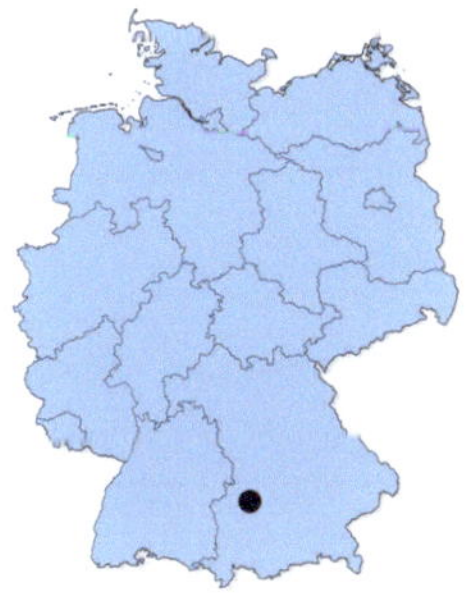

Abb. 8.4 Hier hat der Fluss Lech in Bayern seine Spuren hinterlassen und eine Carbonatpaternia entstehen lassen. Je nach Intensität der Überflutungen und den damit verbundenen Strömungsgeschwindigkeiten wurde im Wechsel mal kiesiges, mal sandiges kalkreiches Bodenmaterial abgelagert. Scharf grenzt sich der bearbeitete dunkelhumose Pflughorizont ab. (Foto: T. Rauschen)

Tschernitza, die Schwarzerde in der Aue

Die Tschernitza (Abb. 8.5) ist ein schwarzer Auenboden, der dem Tschernosem sehr ähnelt (Abschn. 4.2) und deshalb auch als Feuchtschwarzerde bezeichnet wird. Sie kommt bei uns nur sehr selten vor und ist auch weitgehend unbekannt. Der Name kommt vom tschechischen Wort *tscherni*, was „schwarz" bedeutet. Die Tschernitza findet man vor allem in Lössgebieten. Dort wird sie, anders als viele Auenböden, meist als Acker genutzt und nicht als Grünland.

Das tiefgründige Wühlen und Graben von Bodenlebewesen wie Regenwürmern, Maulwürfen und anderen Bodentieren, hat zu einem humusreichen, grauschwarzen *Horizont* geführt. Er kann ähnlich wie beim Tschernosem sehr tief reichen (Abschn. 4.2). Häufig stammt der *Humus* auch aus ehemaligen Torfen, also von Blättern und anderen Pflanzenresten, die in der feuchten Aue nicht vollständig verrotten konnten. Als später das Grundwasser abgesunken ist, wie in vielen unserer Auen, sind Teile dieses alten *Humus* erhalten geblieben – die Tschernitza hat diesen *Humus* also geerbt. Die regelmäßigen Überschwemmungen im Auenbereich bringen aber auch humusreiches Material mit und lagern es ab, und so baut die Tschernitza auch neuen *Humus* auf.

Abb. 8.5 Tschernitza im Feuchtgebiet Großes Bruch in Sachsen-Anhalt. Sie wurde durch das Flüsschen Bode bei Hamersleben gebildet und ist umgeben von anderen Lössböden, wie Schwarzerden und Parabraunerden (Kap. 4). Bis in 1 m Tiefe ist sie durchgehend schwarz vom *Humus*. (Foto: S. Evertsbusch)

8.2 Vega – die Fruchtbare

Eine Braunerde in der Aue

Sinkt der Grundwassereinfluss bis an „die Zehen" des Bodens ab, entwickelt sich der Boden aus Auensedimenten weiter zur Vega (Abb. 8.6 und 8.7). Der Name Vega leitet sich aus dem Spanischen ab und bedeutet „ebenes, feuchtes und fruchtbares Land". Heute sind die meisten Flüsse eingedeicht, und regelmäßige Überflutungsereignisse sind nur noch selten. Bäche und Flüsse haben sich oft tief in die Landschaft eingegraben, sodass die Aue immer trockener wird. Dies ist auch ein Ergebnis der Gewässerbegradigungen. Beispielsweise schnitt sich der Oberrhein nach der Flussbegradigung durch Johann Gottfried Tulla im 19. Jahrhundert 6 m tiefer als vorher ein und führte entsprechend zu einer Grundwasserabsenkung. Anstelle der ursprünglichen Auenvegetationen findet man deshalb dort heute sogar trockenliebende Kiefernwälder.

Ohne Grundwassereinfluss entstehen die für die Vega typischen braunen Eisenoxide (Verbraunung) wie bei einer Braunerde (Abschn. 3.1). Die Vega wird deshalb auch Auenbraunerde genannt. Die braunen Eisenoxide können aber auch mit dem Überschwemmungsschlamm mitgebracht und abgelagert worden sein. Die Vega hat einen stark schwankenden Grundwasserstand. Er entspricht den Wasserstandsschwankungen der Flüsse und liegt meist tiefer als 80 cm unter der Bodenoberfläche. Deshalb fehlt bei der Vega im oberen Bereich die Rostfleckung, die auf einen Wassereinfluss hindeutet.

Boden hinterm Deich

Entlang von Deichen kann die Vega von sogenanntem Qualmwasser überstaut werden. Qualmwasser bezeichnet das Wasser, welches bei Hochwasserereignissen unter dem Deich hindurchsickert und an der anderen Seite wieder an die Oberfläche tritt. Dort kann es für einige Zeit kleine Seen bilden. Da mit dem Wasser auch Luft aus den Bodenporen herausgedrückt

Abb. 8.6 Eine Vega bei Lautenthal im Harz. Der Fluss Innerste hat hier über einer steinigen Schicht feines humoses Bodenmaterial abgelagert. Die unten lagernden Steine sind gerundet. Ein Zeichen dafür, dass auch sie durch Wasser transportiert wurden. Da die Gesteine des Harzes selten kalkhaltig sind, enthält auch dieser Boden keinen Kalk. (Foto: T. Rauschen)

Abb. 8.7 Typisch für die Vega ist ein mächtiger verbraunter *Horizont*, wie bei dieser Vega bei Bremen bis in 70 cm Tiefe zu erkennen ist. Darunter lagert ein graubrauner sandiger Unterboden. Nicht selten findet man in größeren Tiefen kiesige Schichten älterer Flussablagerungen. (Foto: R. Harke)

wird, entstehen brodelnde Geräusche und es sieht qualmend aus, wie beim Dampfaustritt von Vulkanen – daher der Name. Mit dem Qualmwasser kommt auch ohne Überschwemmungen Sediment auf die Böden der Aue. So kann eine Vega auch hinter dem Deich ein Auenboden bleiben, der weniger versauert und nährstoffreicher ist als die meisten Böden außerhalb der Aue. Mit den Flusssedimenten werden und wurden Nährstoffe antransportiert. Sie machen die Vega zu einem sehr fruchtbaren, nährstoffreichen Boden. Zusätzlich trägt die Aktivität vieler Regenwürmer zur Fruchtbarkeit der Vega bei. Regenwürmer fühlen sich besonders in den Auenwiesen sehr wohl und transportieren den *Humus* in die Tiefe und durchgraben den Boden.

Auf den zweiten Blick menschengemacht

Der Auenlehm, aus dem die Vega entsteht, ist aber nicht ohne menschliches Zutun entstanden. Er muss an anderer Stelle abgetragen, also durch Starkregen mit der Wassererosion von Hängen gespült worden sein. Ein massives Wegschwemmen von viel feinem Bodenmaterial begann aber erst, nachdem Wälder gerodet und in Ackerland umgewandelt worden waren. Dies geschah verstärkt während der mittelalterlichen Rodungsperioden. Lössreiche Böden, wie Parabraunerden, sind als Äcker genutzt an Hängen besonders erosionsanfällig. Sie verlieren so lehmiges Sedimentmaterial an Bäche und Flüsse. Abgelagert in den Tallagen entwickeln sich daraus die tiefgründigen, fruchtbaren Auenböden wie die Vega. Ihre Entstehungsgeschichte ist also zu einem großen Teil von Menschen verursacht. Ohne den menschlichen Einfluss würden viele Flüsse bei uns nur Kies und Sand transportieren und ablagern, und es wären dann ganz andere Böden in den Auen entstanden.

Wenn der Fluss zur Schlange wird

Mit Abnahme seiner Fließgeschwindigkeit am Flussunterlauf beginnt der Fluss sich zu schlängeln. Er fließt nicht kerzengrade, sondern zunächst in sanften Schleifen (Abb. 8.8). Wie ein Nagetier nagt er dabei an der Uferböschung der Außenseiten der Schleifen. Dort ist die Fließgeschwindigkeit größer (Prallhang), während der Fluss sich auf der Seite mit geringer Fließgeschwindigkeit sozusagen zur Ruhe setzt (Gleithang). Dieser Vorgang verstärkt sich von selbst immer weiter: Je stärker der Flusslauf gebogen ist, umso mehr unterscheiden sich die Fließgeschwindigkeiten an der Außen- und Innenseite. So wird an der Außenseite immer mehr Boden weggeschwemmt und es entstehen immer größere Schleifen. Dabei kommen sich die Schleifenbögen immer näher, bis es zum großen Durchbruch kommt und das Wasser wieder auf direktem Weg weiterfließt. Der abgeschnittene Teil des Flusses wird dadurch zum Altarm und verlandet schließlich. Neue Auenböden entstehen hier, wie z. B. die Paternia (Abschn. 8.1). Dieses Schlängeln der Flüsse nennt man mäandrieren. Die Mäanderformen entsprechen einem Zustand minimaler Energieverluste. Den Flüssen abgeschaut hat man dies, um Reibungsverluste in Rohrleistungen zu minimieren: Statt konventioneller Rohrbiegungen wurden Rohre wie Mäander geschwungen um die Ecke geführt, wodurch Reibungs- und Druckverluste in den Rohren deutlich sanken.

Abb. 8.8 Mäander sind hier als Altarme des Flusses Lippe übrig geblieben (bei Bergkamen in Nordrhein-Westfahlen). (Foto: © Hans Blossey/euroluftbild.de/ZB/picture alliance)

9 Wenn der Mensch den Boden umkrempelt

Treposol (Foto: R. Harke)

Welcher Boden verbirgt sich hier im Landkreis Soltau-Fallingbostel in Niedersachsen?

A. Don, R. Prietz, *Unsere Böden entdecken*, https://doi.org/10.1007/978-3-662-71765-3_9

Böden als Menschenwerk

Böden sind immer aus verschiedenen *Horizonten* aufgebaut, die übereinander liegen. Mit der Verwitterung wachsen sie immer weiter nach unten. Unten liegen die Unterböden, die wie Wurzeln eines Bodens sind. Oben findet sich der humusreiche Mutterboden, wie die Krone eines Baumes. Es gibt aber Böden, bei denen alles umgedreht ist, die Wurzeln schauen zum Himmel und die Äste stecken im Boden. So etwas kann nur menschengemacht sein, meist mit schweren Maschinen und riesigen Pflügen. Ein überraschendes Ergebnis der deutschlandweiten Bodeninventur des Thünen-Institutes war, dass viel mehr Böden als erwartet völlig „umgekrempelt" sind. Sie sind nicht mehr wie gewachsen in der natürlichen Lagerung, denn die menschliche Nutzung hat diese Böden für immer verändert. Sie werden deshalb als menschengemachte Böden bezeichnet (Kultisole).

Der Schatz im Weinberg

Schon in der Antike wurden Böden mit ihrer Nutzung verändert. Viele der steil gelegenen Weinbergböden wurden terrassiert. Mit Schippe und Spaten war das ein Generationenprojekt. Es diente dazu, die Weinberge zu befestigen, vor *Erosion* und Rutschungen zu schützen und leichter bewirtschaftbar zu machen. Im Weinberg kam noch eine weitere Methode dazu, um Böden fruchtbarer zu machen: Einer alten Geschichte nach erzählte der greise Winzer seinen Söhnen auf dem Sterbebett, dass auf dem familieneigenen Weinberg ein Schatz tief vergraben liegt, nach dem sie suchen sollten. Doch er verstarb, ohne den Söhnen den genauen Ort des Schatzes mitgeteilt zu haben. So gruben die Söhne den gesamten Weinberg tief um, ließen kein Stein unberührt und fanden den Schatz doch nicht. Die Söhne fühlten sich vom Vater betrogen; doch im nächsten Jahr und von da an jedes Jahr trugen die Rebstöcke besonders reiche Frucht, und eine große Ernte konnte eingefahren werden. Da erkannten die Söhne, was der Vater gemeint hatte. Rigolen nennt man dieses tief grabende Bodendurchmischen zur Verbesserung der Bodeneigenschaften, durch das ganz besondere Böden entstehen.

Rekultivierung wo kein Boden mehr war

Böden können aber nicht nur umgekrempelt, sondern auch großflächig abgetragen oder an anderer Stelle aufgeschüttet werden. Ein Beispiel dafür sind die großen Braunkohletagebaue in Nordrhein-Westfalen und in der Lausitz. Allein die Bergbaufolgeböden der Lausitz umfassen fast 50.000 ha. Milliarden Tonnen Material wurden und werden dort heute noch mit riesigen Schaufelradbaggern bewegt und abgetragen, bis in fast 500 m Tiefe. Entscheidend für die Böden sind aber die obersten Dezimeter. Diese dünne Haut der Erde muss sorgfältig getrennt von dem anderen Material und der Braunkohle abgetragen, gelagert und zur Rekultivierung nach Beendigung des Tagebaus wieder aufgebracht werden. Dann besteht die Chance, einige Bodenfunktionen auf den rekultivierten Flächen wieder herstellen zu können und auch eine landwirtschaftliche Nutzung zu ermöglichen. Die dabei entstandenen Böden sind aber sehr anfällig für Verdichtungen und der Rekultivierungserfolg kann durch nur einmaliges Befahren mit einem schweren Fahrzeug zum falschen Zeitpunkt dahin sein. Zur Stabilisierung des aufgeschütteten Bodens müssen über mehrere Jahre tiefwurzelnde Pflanzen, z. B. Luzerne, angebaut werden. Diese stabilisieren das Bodengefüge. Trotzdem beginnen die Böden in ihrer Entwicklung fast bei null, mit kaum *Humus* und wenigen Nährstoffen.

Neuer Boden – neuer Bodentyp

Für die neu entstandenen Böden wurde in der neuen Bodensystematik von 2024 ein eigener neuer Bodentyp geschaffen, der Deposol. Je nach Substrat und technischer Ausführung können diese Böden sehr untershiedlich aussehen. Deposole machen 4 % (ca. 600.000 ha) unserer landwirtschaftlicher Böden aus. Deposole findet man überall dort, wo viel Erde bewegt wird.

9.1 Rigosol – der Tiefdurchwühlte

Die Bodenbearbeitungstechnik im Weinberg

Im Weinberg wird der Boden vom Winzer nicht nur genutzt, sondern geradezu gestaltet. Weinberge werden vor einer Neubestockung rigolt. So nennt man die Bodenvorbereitung durch tiefes Umgraben oder Pflügen, durch die der Rigosol zu seinem Namen kam. Diese bis zu 1 m tiefe Durchmischung wird durchgeführt, um den jungen Reben ein homogenes, leicht durchwurzelbares Substrat zu bereiten und die Bodeneigenschaften zu verbessern (Abb. 9.1). Durch das Rigolen verändert sich der natürliche Aufbau des Bodens. Die ursprünglichen Bodenhorizonte sind nicht mehr erkennbar. Oft werden mit dem Rigolen auch organischer Dünger und mineralische Substrate in die Unterböden eingearbeitet. Die Weinpflanze bevorzugt neben Wärme einen humusreichen, gut durchlüfteten Boden zur optimalen Durchwurzelung und bestmöglichen Reife der Trauben. Rigosole können ein ganz unterschiedliches Aussehen haben. Typisch sind aber immer der tiefgründige humose Oberboden und die Anzeichen von tiefgründiger Bodenbearbeitung (Abb. 9.2). Er unterscheidet sich dadurch vom Treporigosol, der nur einmal tiefgründig umgedreht worden ist (Abschn. 9.1). Rigolt wurde früher per Hand. Heute erledigen dies Maschinen, wobei gleichzeitig organische und mineralische Dünger mit eingebracht werden.

Römische Tradition

Schon die Römer rigolten ihre Weinberge und brachten Wein und die Weinbergstechnik zu uns nach Mitteleuropa. Vor allem Klöster haben danach die Technik des Weinbaus weiter vorangetrieben. Schon im 16. Jahrhundert wurde allein in Baden-Württemberg auf 45.000 ha Fläche Wein angebaut. Heute dienen ca. 0,5 % der landwirtschaftlichen Anbaufläche Deutschlands dem Weinbau, die meisten in Südwestdeutschland an Rhein, Main, Neckar und Mosel.

„Terroir" formt den Wein

Was wäre der Riesling von der Mittelmosel ohne sein typisches Schiefer-Bouquet? Weinkenner behaupten, der Boden gäbe dem Wein seinen Charakter. Sicherlich spielen dabei aber neben dem handwerklichen Geschick des Winzers auch die klimatischen Bedingungen und die Lage der Weinberge eine Rolle. Den „besten Boden" für einen optimalen Wein gibt es nicht, denn alles ist Geschmackssache. Die einen setzen auf das Ausgangsgestein wie Schiefer, Granit, Buntsandstein oder Kalk und damit auf die mineralische Zusammensetzung der Böden. Die anderen messen dem Aufbau und der Struktur des Bodens die größere Bedeutung bei. Der Begriff Terroir beschreibt diese Qualitätsphilosophie. Er beschreibt das Zusammenwirken aller Faktoren (Topographie, Klima, Gestein und Boden), die für den Charakter eines Weinbergs verantwortlich sind. Mit dem Begriff Terroir wird die Herkunft des Weines zu etwas Komplexen,

Abb. 9.1 Dieser Weinberg liegt im Landkreis Trier-Saarburg in Rheinland-Pfalz. Im Hintergrund fließt die Mosel. Im Bodenprofil erkennt man ein helleres, diagonal verlaufendes, sandiges Band, das auf eine Bodenbearbeitung bis in 70 cm hindeutet. (Foto: R. Harke)

Abb. 9.2 Ein Rigosol im Landkreis Mainz-Bingen in Rheinland-Pfalz. Der 50 cm mächtige rigolte Oberboden ist dunkel gefärbt und humusreich. Er überdeckt einen kalkhaltigen Löss (Kap. 4). *Humus* und Kalk machen diesen Boden besonders fruchtbar. (Foto: R. Harke)

fast Mystischem erklärt. Er verdeutlicht, dass der Ursprung des Weingeschmacks im Standort der Reben und damit auch im Boden zu suchen ist.

Spargel – das Königsgemüse mit hohen Bodenansprüchen

Auch eine andere Sonderkultur braucht die Rigosole: der Spargel. Der Schriftsteller Carl Zuckermayer schrieb: „Wenn du Spargel isst, schmeckst Du den Sand der Felder und den Wurzelsegen, des Himmels Hitze und den kühlen Regen, kühles Wasser und den warmen Mist“ (Carl Zuckermeyer, Ein Mensch beim Essen ist ein gut Gesicht, Gesammelte Werke, S. Fischer Verlag GmbH, Frankfurt am Main 1997). Das fasst zusammen, was für einen erfolgreichen Spargelanbau nötig ist: Der Boden sollte wasser- und luftdurchlässig, humusreich und tiefgründig sein und sich im Frühjahr schnell erwärmen. Daher eignen sich die sandigen Böden Norddeutschlands für den Spargelanbau besonders gut. Die meisten Regionen Deutschlands haben ihre eigenen sandigen Böden zum Spargelanbau, von Schrobenhausen in Oberbayern bis Aukrug in Schleswig-Holstein. Die Anbaufläche steigt jedes Jahr und erreicht rund 25.000 ha in Deutschland.

Vor einem Neuanbau werden die Spargelböden tiefgründig bearbeitet, weil Spargel eine sehr anspruchsvolle Pflanze ist, was die Durchwurzelbarkeit angeht. Mit durchmischenden Maschinen, wie Tiefspatenfräsen oder Hublockerern, wird der Boden tief durchwurzelbar gemacht. Zusätzlich wird Mist oder anderer organischer Dünger tief mit eingearbeitet. Anschließend werden Erddämme geschaffen, denn der Spargel soll unterirdisch wachsen, damit er weiß bleibt (Abb. 9.3).

Schon die alten Ägypter und Chinesen kultivierten und züchteten Spargel. Die Römer haben ihn schließlich nach Deutschland gebracht, und im Mittelalter wurde er sogar als Heilpflanze verehrt. Goethe war von der potenzsteigernden Wirkung des Spargels überzeugt. Auch heute werden dem Spargel heilende Kräfte zugeschrieben. So wird er als harntreibendes Mittel z. B. bei der Behandlung von Harnwegsinfekten eingesetzt.

Ein Spargelfeld kann 10 bis 15 Jahre lang beerntet werden. Danach sollte es mindestens 10 Jahre anders genutzt werden. Die Spuren des Spargelanbaus durch das Rigolen werden aber für immer im Boden bleiben.

Abb. 9.3 Ein Spargelfeld im Landkreis Havelland in Brandenburg. Die Spargelreihen werden zu Dämmen aufgehäufelt, damit der Spargel unterirdisch wächst und weiß bleibt. Im Bodenprofil erkennt man die 60 cm tiefe Durchmischung und Humusanreicherung in den rigolten Streifen des Bodens. Rigolt wurde also nicht flächenhaft, sondern nur der Streifen unter den Spargelbeeten. (Fotos: R. Prietz)

Treporigosol – der Zebraboden

Einer der faszinierendsten Böden, die man bei uns finden kann, ist der Treporigosol, der Tiefumbruchboden (Abb. 9.5, 9.6, 9.7, 9.8). Unter einem fast immer ackerbaulich genutzten Pflughorizont findet man ein Zebramuster aus dunklen und hellen diagonalen Bodenstreifen. Diese Streifen wechseln sich ab und reichen bis in 60 cm Tiefe oder noch tiefer (Abb. 9.7). Die dunklen Streifen waren einmal der Oberboden. Ein Tiefpflug drehte ein Bodenpaket um mehr als 180° und lagerte den Oberboden im Wechsel mit dem hellen Unterboden in diesen Streifen diagonal ab (Tiefumbruch) (Abb. 9.7 und 9.8). Der Boden wurde dadurch geradezu umgekrempelt. Selbst Jahrzehnte später liegen diese Streifen noch so gut wie unverändert im Boden (Abb. 9.4). Das Einzige, was sich mit der Zeit verändert, ist der neue Oberboden. Nach dem Tiefumbruch besteht er hauptsächlich aus sandigem Unterbodenmaterial, das kaum *Humus* enthält. Erst über Jahrzehnte mit Zufuhr von Pflanzenresten und organischem Dünger reichert sich hier wieder *Humus* an. Ein Vergleich der dunklen Färbung der Streifen und des Oberbodens zeigt, ob der Humuszustand des Oberbodens wieder mit den Ausgangsbedingungen vor dem Tiefumbruch vergleichbar ist.

Abb. 9.4 Zebrastreifenmuster dieses Treporigosols durch Tiefpflügen ist auch 50 Jahre nach dem Tiefpflügen noch unverändert erhalten (Foto: A. Don)

Ziel dieser drastischen in der Regel einmaligen Bodenverbesserungsmaßnahme mit Tiefumbruch war oft, die verdichteten Unterbodenhorizonte (z. B. Ortstein oder Raseneisensteinlagen, siehe Abschn. 3.2 und 6.1) zu durchbrechen. Damit sollte die Durchwurzelbarkeit verbessert werden und Regenwasser besser versickern können (Abb. 9.5 und 9.6). Erst durch einen Tiefumbruch wurden viele dieser Böden als Ackerland nutzbar. Auf manchen Böden war das Unterbodenmaterial von besserer Qualität als der Oberboden (z. B. tonhaltiger, kalkhaltiger). In diesem Fall sollte ein Tiefumbruch das Unterbodenmaterial nach oben bringen, um die Eigenschaften des Oberbodens zu verbessern.

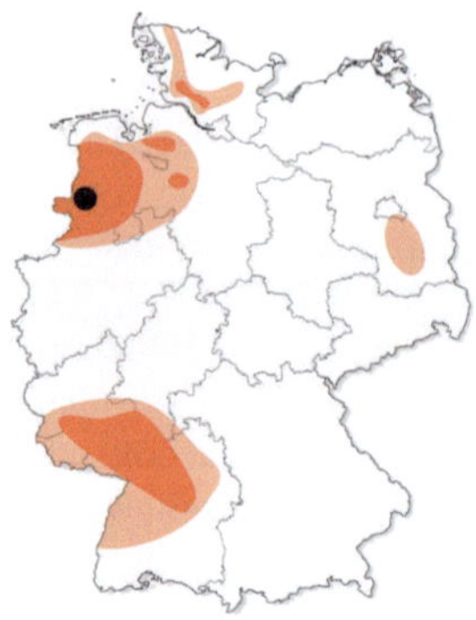

Abb. 9.5 Ein Treporigosol im Landkreis Emsland in Niedersachen. Entstanden ist dieser Treporigosol im Jahr 1976 aus einem Podsol (Abschn. 3.2). Der Boden wurde einmal 70 cm tief gepflügt. Deutlich erkennt man die rostrote und schwarze Farbe des untergepflügten Podsolhorizonts. (Foto: S. Evertsbusch)

Aus der Mode geraten

Große Teile der norddeutschen Geest waren vor der Erfindung des Tiefpflugs nicht kultivierbar. Die verdichteten *Horizonte* des Ortsteins der Podsole (Kap. 3) verhinderten eine tiefe Durchwurzelung. Auch Moore wurden großflächig tiefumgebrochen, um sie leichter kultivierbar zu machen (Sandmischkulturen siehe Kap. 7). Mit dem Tiefpflug wurden aus den weit verbreiteten Heiden und Mooren Nordwestdeutschlands Äcker. Allein in Niedersachen sind 11 % der Ackerböden tiefumgebrochen worden. Zwischen 1938 und 1978 wurde in Niedersachsen, Schleswig-Holstein und Nordrhein-Westfalen rund 180.000 ha Land durch *Tiefpflügen* zu Treporigosolen gemacht. Seit den 1970er-Jahren ist der Tiefumbruch aus der Mode gekommen. Die erhoffte Bodenverbesserung blieb teilweise aus, und die hohen Kosten des Tiefumbruchs machten ihn ökonomisch unsinnig. Weil der Tiefumbruch ein irreversibler Eingriff in den Boden ist, ist er insgesamt in die Kritik geraten. Doch bis heute wird der Tiefpflug eingesetzt, um z. B. Moorböden und die damit verbundenen rechtlichen Auflagen loszuwerden. Durch die Vermischung mit dem humusarmen Unterboden erhält der Oberboden einen Humusgehalt, der unterhalb des Grenzwerts liegt, ab dem ein Boden als Moorboden zählt.

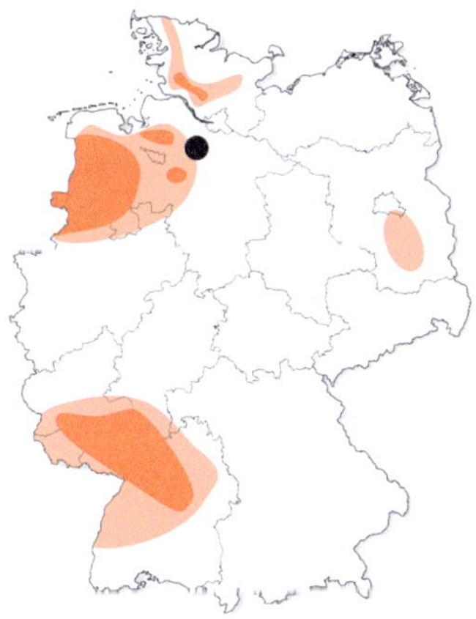

Abb. 9.6 Ein Treporigosol, entstanden im Jahr 1950 aus einem Gley-Podsol. Die Fläche war vorher Heideland und wurde regelmäßig abgeplaggt. Zu finden ist dieser *Bodentyp* im Landkreis Soltau-Fallingbostel in Niedersachsen. Die Podsolhorizonte sind bis 70 cm Tiefe untergepflügt worden. Am Profilgrund dringt Grundwasser ins Profil ein. (Foto: R. Harke)

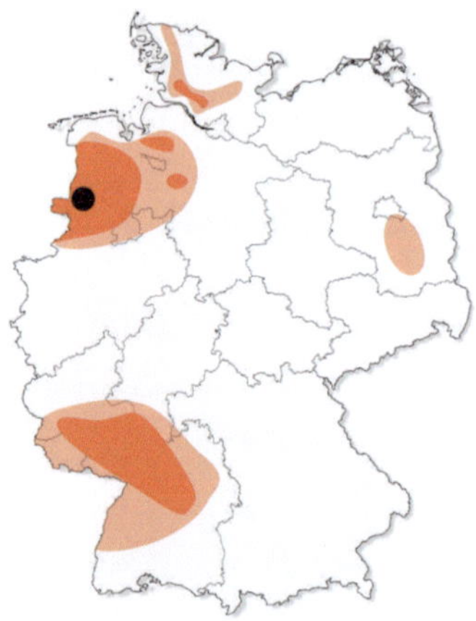

Abb. 9.7 Ein Treporigosol im Landkreis Emsland in Niedersachsen. Er ist im Jahr 1965 aus einem Moor-Gley entstanden. Ein mächtiger Tiefpflug hat den Torfhorizont bis in 1 m Tiefe schräg in den Boden eingearbeitet. (Foto: R. Prietz)

Abb. 9.8 Dieser Treporigosol liegt im Landkreis Celle in Niedersachsen. Besonders schön erkennt man hier die tiefe Bodenbearbeitung (durchgeführt wahrscheinlich im Jahr 1950) mit der Pflugschar an den schräggestellten Bodenhorizonten. (Foto: R. Prietz)

Vom Dampfpflug zum Mammutpflug

Die Erfindung der Dampfmaschine hat als Antrieb der Eisenbahn nicht nur den Verkehrssektor völlig verändert, sondern auch die Landwirtschaft. Dampfmaschinen ermöglichten den ersten Schritt zur Mechanisierung der Bodenbearbeitung. Die Dampfmaschinen waren aber so schwer, dass sie nicht über das Feld fahren konnten, sondern an einer Feldseite aufgebaut wurden. Auf der gegenüberliegenden Seite stand eine weitere Maschine mit einer Umlaufrolle. Über diese Rolle lief ein bis zu 700 m langes Stahlseil, das die beiden Maschinen verband. An diesem Seil wurde ein Pflug abwechselnd über den Acker hin- und hergezogen, der Dampfpflug. Er war eine monströse Maschine, zu deren Bedienung 10 Männer nötig waren. Im Jahr 1863 wurden die ersten in England entwickelten Dampfpflüge in der Nähe von Wanzleben (Magdeburger Börde) eingesetzt. Erstmals konnte die Bodenbearbeitung mithilfe von Maschinen stattfinden.

Während ein von Ochsen oder Pferden gezogener Pflug gerade einmal 10–15 cm tief in den Boden vordrang, konnten die ersten Dampfpflüge bis zu 30 cm tief pflügen. Zunächst konnten sich nur große Güter ein solches Gerät leisten. In Deutschland waren zum Ende des 19. Jahrhunderts 3000 dieser Maschinen im Einsatz, besonders viele in der Magdeburger Börde. Um noch tiefer pflügen zu können, wurden später sogar vier Dampfmaschinen mit einer Leistung von insgesamt 2000 PS zum Ziehen eines Pflugs eingesetzt.

Besonders für die Moorkultivierung wurden immer größere Pflüge gebaut, um den gesamten Torfkörper unterpflügen zu können. Die Firma Ottomeyer in Bad Pyrmont entwickelte in den 1950er-Jahren den größten Pflug, den es je im Einsatz gab, den Mammutpflug (Abb. 9.9). In Nordwestdeutschland waren Dutzende dieser von Dampfmaschinen gezogenen Riesenpflüge im Einsatz, um die Moorböden bis zu 250 cm tief umzubrechen. Im Emslandplan wurde ab 1950 die systematische Moorkultivierung des Emslandes durch *Tiefpflügen* beschlossen. Sie sollte helfen, diese „rückständige“ Region weiterzuentwickeln. Mit Mammutpflügen wurden 111.000 ha Moor tiefgepflügt und damit für immer verändert.

Ab den 1960er-Jahren wurden immer öfter Raupenfahrzeuge zum *Tiefpflügen* eingesetzt. Aber auch von diesen wurden mehrere hintereinander gehängt benötigt, um einen einzigen Tiefpflug zu ziehen. Heutige Schlepper in der Landwirtschaft haben so hohe Zugkraft, dass oft ein einziger Schlepper ausreicht, um die Tiefpflugschar durch den Boden zu ziehen, den Boden umzukrempeln und in Zebraböden zu verwandeln.

Abb. 9.9 Mammutpflug der Firma Ottomeyer im Einsatz beim Tiefumbruch eines Moores

9.2 Deposol – der Neue über dem Alten

Maschinengemachte Böden

Der Mensch ist stets ein bodenbildender Faktor gewesen. In den vortechnischen Zeiten konnte er meist nur die bodenbildenden Prozesse beeinflussen, etwa durch Waldrodung, Hackbau, Hakenpflug oder Bewässerung. Heute ist er in der Lage, durch Einsatz von Maschinen die Böden und deren *Ausgangsmaterial* komplett zu verändern. Das tut er etwa in Form von Aufschüttungen von neuem *Ausgangsmaterial*, z. B. Deckkulturen (Abb. 9.10), Deponien, Bergbau oder durch tiefgreifende Landschaftsumgestaltung. Am augenscheinlichsten ist das bei Straßendämmen, Lärmschutzwällen oder Umgrenzungswällen von Regenrückhaltebecken. Nachdem hier der Boden erst abgetragen wurde, wird am Ende der Baumaßnahmen Mutterboden aufgeschüttet und ein neuer Boden künstlich geschaffen. Auch unsichtbar in der Landschaft sind 4 % der landwirtschaftlichen Böden durch Aufschüttungen tiefgreifend verändert worden. Unter bestimmten Auflagen darf Bodenmaterial, das beim Bau von z. B. Siedlungen und Straßen anfällt, auf natürliche landwirtschaftliche Böden aufgebracht werden. Der Oberboden der Äcker wird dabei unter einer Aufschüttungsschicht vergraben (Abb. 9.11). Die gesetzlichen Vorgaben dazu haben sich in den letzten Jahrzehnten verschärft, denn eine solche Maßnahme ist nicht rückgängig zu machen. Sie verändert Bodenprofil und Bodenfunktionen und kann 10.000 Jahre Bodenentwicklung mit einem Schlag beenden.

Deposole haben oft einen hohen Steingehalt und auch der *pH-Wert* ist meist im neuralen Bereich, weil oft kalkhaltiges Material eingemischt ist. Ziegelsteine im Unterboden sind ein Zeichen, dass dieser Boden aufgeschüttet oder von Menschen stark verändert wurde (Abb. 9.12).

Abb. 9.10 Dieser Deposol aus dem Landkreis Cottbus in Brandenburg ist aus einer Aufschüttung über einer 20 cm mächtigen Torfschicht entstanden. Das aufgeschüttete Material ist sandig-lehmig und ermöglicht die Nutzung des Standortes als Weide. (Foto: N. Bischoff)

Abb. 9.11 Ein Deposol im Landkreis Hildburghausen in Thüringen. Die Aufschüttung ist hier nur 30 cm mächtig und enthält neben Tonscherben auch Ziegel und Schlackematerial. Sie überdeckt eine tonreiche Braunerde-Terra fusca (Abschn. 5.2). (Foto: N. Bischoff)

Einebnung der Landschaft

Aufschüttungen in Böden finden sich aber auch kleinräumig als Verfüllungen von Senken, Kratern oder sogar alten Bachläufen (Abb. 9.13). Im Norden von Brandenburg hat sich *nacheiszeitlich* ein besonderer Landschaftstyp mit schützenswerten Biotopen gebildet. Er besteht aus unendlich vielen oft wassergefüllten kleinen Senken (Sölle), die beim Abschmelzen der Gletscher entstanden sind. Eisbrocken, die sich ablösten, blieben liegen, und um sie herum verfüllten die Schmelzwasserströme alles mit Sand und Geröll. Dort wo die Eisblöcke waren, blieben kleine Senken, Toteislöcher genannt, übrig. Diese Löcher wurden nach und nach mit allen verfügbaren Materialien verfüllt. Während vor Jahrzehnten noch um die Löcher herum gepflügt wurde, können die leistungsstarken Maschinen heute einfach hindurch fahren und die Löcher weiter kleiner werden lassen.

Weltkriegshinterlassenschaften

In den Gebieten, die in den beiden Weltkriegen besonders stark durch Bombardierung und Granatbeschuss betroffen waren, entstanden „durchkraterte“ Bombentrichterlandschaften. Auf Wiesen und Äckern wurden diese Krater nachkriegszeitlich schnell eingeebnet und sind deshalb von oben kaum erkennbar. Auch Siedlungsabfall und Trümmerschutt wurden in diesen Löchern entsorgt. Im Einzelfall können von diesen Aufschüttungen und Verschüttungen sogar Gefahren durch Schadstoffe, z. B. für die Grundwasserqualität, ausgehen. Aufschüttungsböden im engeren Sinn finden sich somit verteilt über ganz Deutschland. Großflächig sind sie insbesondere aber in Regionen mit Bergbauaktivität wie dem Ruhrgebiet und der Niederlausitz zu finden.

Abb. 9.12 Bei dieser 53 cm mächtigen Aufschüttung im bayerischen Landkreis Weißenburg-Gunzenhausen könnte es sich um einen ehemaligen befestigen Weg handeln. Das aufgeschüttete Bodenmaterial ist sehr steinreich. Neben Kalksteinen finden sich in der Aufschüttung auch Ziegel und Holzkohle. Unterhalb der Aufschüttung lagert bis in 90 cm Tiefe ein bräunlicher, stark *schluffiger* Sand, gefolgt von einem grauen Ton. (Foto: T. Rauschen)

Abb. 9.13 Dieser Deposol liegt in einer Bachaue im niedersächsischen Landkreis Oldenburg. Es handelt sich um die Auffüllung eines ehemaligen Bachbettes. Zwischen 69–90 cm Tiefe sind die sandig-lehmigen braunen Bachsedimente erkennbar. Unterhalb von 90 cm Tiefe lagert ein dunkles, sehr humoses Material. Das war einmal der Grund eines Sees, der irgendwann trockenfiel. Auch das Bachbett wurde verlegt und fiel trocken. Ein wildes Gemisch aus sandigem Material wurde hineingeschüttet, um ihn einzuebnen. Jetzt wird der Standort als Wiese genutzt. (Foto: R. Harke)

Narrengold mit saurem Nachgeschmack

Häufig enthalten die Deposole ehemaliger Braunkohlereviere Kohlepartikel, die einen positiven Einfluss auf die Wasserverfügbarkeit und Nährstoffspeicherung haben können. Sie verfügen oftmals aber auch über größere Mengen Pyrit (Abb. 9.14), ein schwefelhaltiges Eisenmineral. Aufgrund seiner goldenen Farbe und seiner kristallinen Struktur dachten die Menschen früher oft, es handele sich um Gold. So entstanden die umgangssprachlichen Namen Narrengold und Katzengold. Große Mengen Pyrit finden sich auch im Abraum des Albvorlandtunnels in Baden-Württemberg. Unter dem Einfluss von Sauerstoff und Regenwasser verwittert Pyrit und bildet Sulfat und Säure, die den *pH-Wert* eines Boden soweit sinken lässt, dass darin keine Pflanzenwurzel mehr überleben kann (pH <3). So sauer ist es in keinem natürlichen Boden bei uns. Aluminium und Mangan werden bei so sauren Bedingungen aus Mineralien freigesetzt und wirken pflanzentoxisch, sodass diese Böden oft völlig vegetationsfrei sind und bleiben. Auch ins Grundwasser können Sulfat und die Säuren gelangen und das Trinkwasser gefährden. Als Folge des Braunkohletagebaus in der Lausitz ist die Wasserqualität der Spree und der Lausitzer Bergbauseen bereits stark beeinträchtigt. Hier führt uns Pyrit nicht nur als vermeintliches Gold an der Nase herum. Die Seen sind oft extrem klar und scheinen dadurch besonders sauber zu sein. Sie sind aber nicht sauber, sondern sauer und lebensfeindlich. Da dort nicht einmal Algen gut leben können, die Seen oft eintrüben, ist das Wasser so klar.

Abb. 9.14 Sieht aus wie Gold, ist aber nur Narrengold: Pyrit. Wenn es verwittert, werden starke Säuren freigesetzt, die den Boden versauern. (Foto: R. Prietz)

Kapitel 9

Wenn Böden Geschichten erzählen

10

Plaggenesch (Foto: B. Schemchat)

Welcher Boden verbirgt sich hier in Ostfriesland?

A. Don, R. Prietz, *Unsere Böden entdecken*, https://doi.org/10.1007/978-3-662-71765-3_10

Gestein verwittert zu feinen Teilchen und diese werden durch Wind, Wasser oder Eismassen umgelagert. Pflanzen siedeln sich an, die zusammen mit den Bodenorganismen *Humus* anreichern (Abschn. 1.2). Diese Prozesse können viele Tausend Jahre dauern. Die Farbe, chemische Beschaffenheit, Art der Zusammensetzung der Bodenteilchen und deren Lagerung geben Aufschluss über die Geschichte der Bodenentstehung und seine weitere Entwicklung. Der Boden hat ein Gedächtnis. So konnte mithilfe der Bodenmerkmale das Vorstoßen der nordischen Eismassen während der *Eiszeit* nachgewiesen werden oder auch der einstmalige Verlauf von Flüssen. Auch die Einwirkungen des Menschen auf den Boden hat dieser nicht „vergessen". Typische Merkmale geben Aufschluss darüber, wie der Mensch Böden und Landschaft genutzt hat. So haben viele landwirtschaftlich genutzte Böden einen Pflughorizont, einen etwa 30 cm mächtigen recht homogenen *Horizont* an der Bodenoberfläche, der meist jedes Jahr umgepflügt wird oder wurde. Auch wenn heute kein Ackerbau auf diesen Böden mehr betrieben wird und wieder Wald oder Weiden entstanden sind, bleibt der Pflughorizont über Jahrzehnte bis Jahrhunderte erhalten und ist Zeitzeuge einer ehemaligen Ackernutzung. Dünen in der Landschaft können die Folge einer intensiven ackerbaulichen Tätigkeit sein. Nach Waldrodung und Brachliegen von Flächen trug Winderosion den Boden davon und lagerte ihn an anderer Stelle in Form von Flugsanddecken und Dünen wieder ab.

Böden sind auch Archive der Industriegeschichte einer Region. So zeugen beispielsweise umfangreiche Holzkohlefunde im Bereich des Niederlausitzer Braunkohletagebaus von einer in diesem Umfang bisher unbekannten industriellen Tätigkeit. Sie führte im 16. Jahrhundert zu einer einschneidenden Veränderung der Landschaft durch Rodungen.

Wüstungen in der Landschaft

Völlig unerwartet können auf einem Acker Reste von Tonscherben, Knochen und alten Fundamenten gefunden werden, obwohl heute weit und breit in der Landschaft kein einziges Haus zu sehen ist (Abb. 10.1). Hier wurden ehemalige Siedlungen wieder verlassen, vielleicht weil der Boden die Menschen nicht mehr ernähren konnte oder Hungersnöte, Kriege oder Epidemien wie die Pest, die Dorfbewohner dahinrafften. Diese ehemaligen Siedlungsplätze werden Wüstungen genannt. Ausgeprägte Wüstungsperioden, in denen tausende von Siedlungsplätze und Ortschaften für immer verlassen wurden, gab es in Deutschland im frühen und späten Mittelalter (14. und 15. Jahrhundert). Dort wuchs wieder Wald, oder die Flächen wurden eingeebnet und dann landwirtschaftlich genutzt, ohne dass heute von der ehemaligen Siedlung etwas zu sehen ist. Nur im Boden sind die Reste der Siedlung konserviert. Durch Zufall stießen die Bodenkartierer des Thünen-Instituts auf das Fundament einer alten Klosterkirche am Harzrand in Sachsen-Anhalt,

Abb. 10.1 Auf diesem Acker am nördlichen Harzrand in Sachsen-Anhalt stießen die Bodenkartierer des Thünen-Instituts auf die Reste einer alten Kirche. In 90 cm Tiefe befinden sich 3 Grundmauersteine (*rechts*). Darüber erkennt man Reste zahlreicher Tonscherben und Ziegel. Auch der Flurname „Auf dem alten Kirchhofe" bestätigt, dass hier einmal ein Kloster stand. (Fotos: R. Prietz)

die hier vor vielen hundert Jahren einmal stand. Im Bodenprofil fanden sie erst eine Vielzahl von Tonscherben und in 90 cm Tiefe schließlich das Fundament der Kirche (Abb. 10.1). Urkunden berichten von einem Frauenkloster, das in der Mitte des 12. Jahrhunderts dort gegründet wurde und im Bauernkrieg (1525–1555) zerstört und verlassen wurde.

Nur einige Wüstungen wurden später wieder aufgebaut, von vielen sind keine Urkunden oder andere Dokumente mehr vorhanden. Im Boden lässt sich eine menschliche Siedlung auch anhand erhöhter Phosphatgehalte belegen. Dort wo Menschen und Tiere wohnten, fielen deren phosphorreiche Exkremente an, die als Dünger genutzt wurden. Auch Jahrhunderte später „weiß" der Boden noch davon. Neben solchen Ortswüstungen, die sich auf die Wohn- und Wirtschaftsgebäude beziehen, gibt es auch Flurwustungen. Das sind aufgegebene Äcker und Wiesen wie z. B. verlassene Almen in den Alpen, die wieder zu Wald wurden. Waldstücke mit einer regelmäßig gewellten Oberfläche könnten einmal Äcker gewesen sein, die manchmal bis ins 18. Jahrhundert hinein als Wölbacker bewirtschaftet wurden. Das sind Ackerstreifen, die künstlich zu Kämmen und Furchen gewellt wurden (s. Abb. 10.8).

Weggeschwemmt oder verschüttet

Durch starken, lang andauernden Regen wurden an Unterhängen zum Teil mächtige abgeschwemmte Bodenschichten abgelagert. Das Material stammte vom Hang oberhalb. In diesen humosen Schichten finden sich oft Zeugnisse menschlicher Aktivität. Keramikscherben, Ziegel, Glas oder Metalle, alles Puzzleteile, um ein Geschichtsbild zusammenzusetzen. Einiges blieb in diesem Bodenhorizont erhalten, doch vieles ging auch verloren: Seit der Römerzeit können bei Ackernutzung in Hanglagen mehrere Dezimeter Boden wegerodiert worden sein. Dort sind auch alle Zeitzeugen verschwunden. Nur in den Tallagen wo sich abgeschwemmtes Material ablagerte, konservierte es die Funde (Abschn. 10.2).

Alle Böden sind Zeitzeugen mit einem Jahrtausend-Gedächtnis. Die Böden in diesem Kapitel sind aber ganz besondere kulturhistorische Zeitzeugen.

10.1 Plaggenesch – die Jahrhundertarbeit

Im Mittelalter vor rund 1000 Jahren wurde die landwirtschaftliche Fläche immer knapper, und immer mehr Ackerflächen auf den sandigen Geestflächen Norddeutschlands wurden unter Pflug genommen. Die sandigen Böden waren aber humusarm und deshalb recht unfruchtbar. Sie waren nur mit einer neuen Technik zu bewirtschaften, der Plaggenwirtschaft (Abb. 10.2). Dabei wurde auf Ödland Pflanzensoden zusammen mit dem Mutterboden abgestochen und als sogenannte Plaggen zur Einstreu in den Stall gebracht. Vermischt mit dem Kot der Tiere wurden die Plaggen als Dünger auf die kleinen hofnahen Ackerflächen (Esch) gebracht, um diese mit *Humus* und Nährstoffen zu versorgen (Abb. 10.2, 10.3, 10.4). Jeder Acker benötigte die 7- bis 10-fache Menge an Ödland, das geplündert wurde, um die Ackerfläche zu versorgen. Bis heute sind die so entstandenen Eschböden fruchtbarer und humusreicher und können mehr Wasser speichern als vergleichbare Böden ohne Plaggenesch-Wirtschaft. Die Flächen wuchsen durch die große Menge an aufgebrachtem Material im Durchschnitt um 1 mm pro Jahr. Sie hatten bald einen 70–130 cm mächtigen grauen oder braunen zusätzlichen *Horizont* (Abb. 10.5), den Eschhorizont, der bis heute sichtbar ist. Der grau gefärbte Eschhorizont ging aus Heideplaggen von sandigen Standorten hervor. Die braunen Eschhorizonte stammen aus Grasplaggen, die auf *schluffig* bis lehmigen Standorten gestochen wurden. Die mit Plaggen versorgten Eschparzellen hoben sich nach einiger Zeit auch in der Landschaft sichtbar durch eine bis zu 1 m hohe Eschkante von den anderen Flächen ab. Auf diesen dorfnahen Ackerflächen wurde oft nur eine einzige Frucht angebaut und das jedes Jahr: Roggen. Bis ins 20. Jahrhundert hinein wurde so gewirtschaftet und die Böden entsprechend verändert.

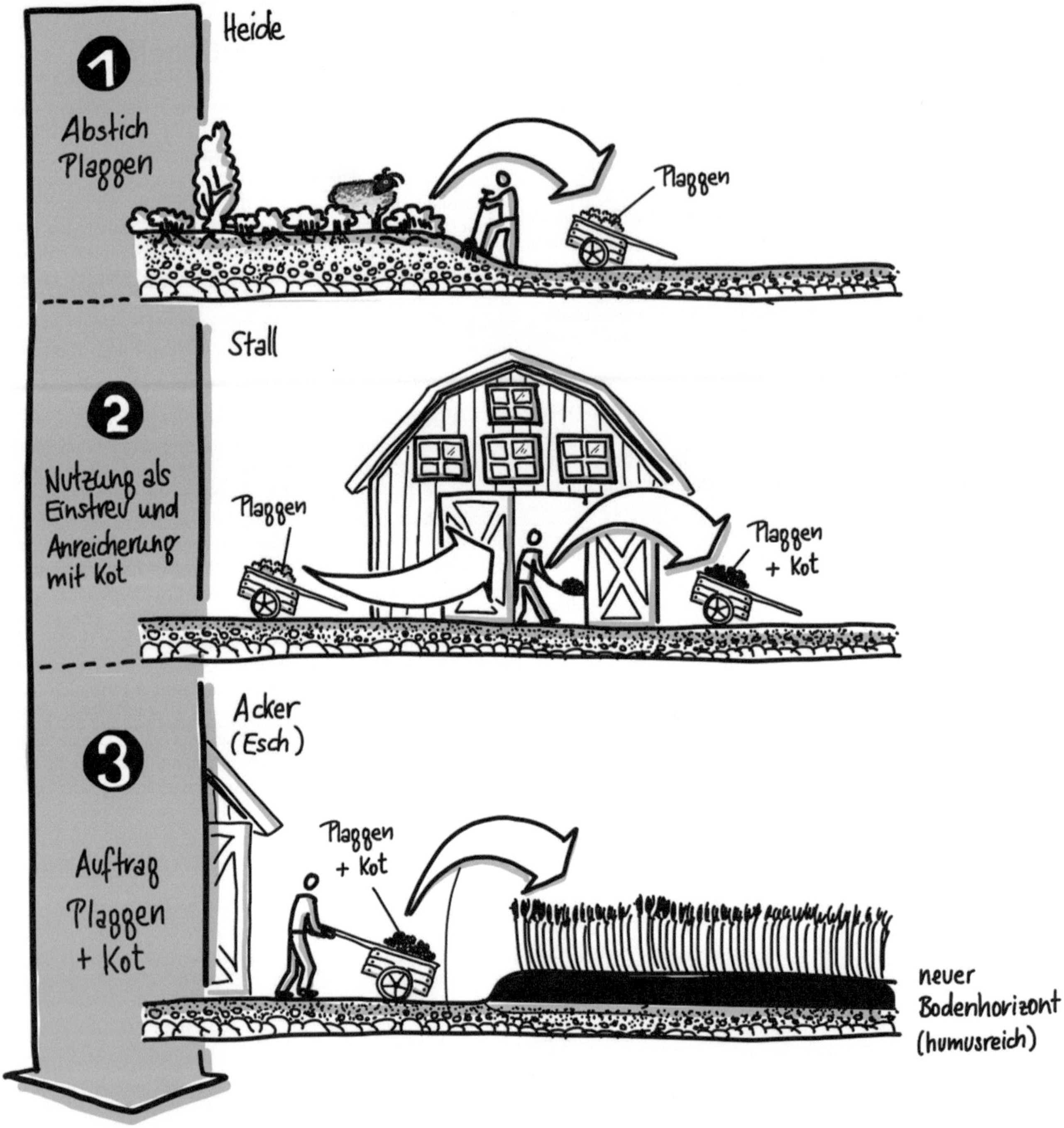

Abb. 10.2 Die Plaggenwirtschaft ist der Transfer von gestochenen Heide- und Grasplaggen (Soden) über die Nutzung als Einstreu im Stall auf die kleinen Ackerflächen (Esch). (Grafik: Andrea Wendt)

Abb. 10.3 Ein Gley-Plaggenesch im Landkreis Steinfurt in Nordrhein-Westfalen. Fast 1 m mächtig ist hier die Auflage aus einstmals aufgetragenen Plaggen (Soden). Die dunkle Farbe zeigt, dass Teile des mit den Plaggen aufgebrachten *Humus* noch heute erhalten sind. Der darunterliegende nährstoffarme Sand färbt sich durch aufsteigendes Grundwasser rostig marmoriert. (Foto: T. Rauschen)

Abb. 10.4 Ein Plaggenesch aus der Grafschaft Bentheim in Niedersachsen. Neben sauergebleichten Sandkörnern entdeckt man auch Ziegel- und Holzkohlereste, die über Hof und Stall mit in die Plaggen und in den Boden geraten sind. (Foto: W. Hölzer)

Abb. 10.5 Ein Plaggenesch im Landkreis Borken in Nordrhein-Westfalen. Etwa 80 cm mächtig ist hier die Plaggenauflage. Darin befinden sich viele sauer gebleichte Sandkörner, die an der grauen Farbe besonders in 40 cm Tiefe zu erkennen sind. Das deutet darauf hin, dass der Boden, auf denen die Plaggen gewonnen wurden, stark sauer war wie ein Podsol (Abschn. 3.2). (Foto: T. Rauschen)

Abb. 10.6 Ein Plaggenesch im Landkreis Nordfriesland auf der Insel Sylt. Der humusreiche Eschhorizont (28–54 cm Tiefe) lagert hier über einem nährstoffarmen *eiszeitlichen* leicht verbraunten *Schmelzwassersand*. Dies war der nördlichste Beprobungspunkt der landesweiten Bodeninventur des Thünen-Instituts. (Foto: B. Schemschat)

Dem einen wird gegeben, dem anderen genommen

Während die Eschböden fruchtbarer wurden, verloren die abgeplaggten Flächen Nährstoffe und *Humus* mit den abgestochenen Soden. Auf den Plaggenflächen gediehen nur noch die anspruchslosesten Pflanzen, z. B. das Heidekraut. Es entwickelten sich Heidepodsole (Abschn. 3.2). Diese Flächen waren Gemeinschaftsbesitz des Dorfes (Allmende), und strenge Auflagen regelten, welcher Landwirt wo wie viele Plaggen stechen durfte. Trotzdem verarmten diese Flächen stark an *Humus* und Nährstoffen. In vielen Regionen Nordwestdeutschlands herrschte im ausgehenden 19. Jahrhundert nur noch Heidevegetation. Die Flächen wurden zusätzlich mit Schafen beweidet – zum Beispiel den Heidschnucken. Was damals durch „Raubbau" am Boden entstand, steht heute unter Naturschutz, weil sich besondere Ökosysteme auf diesen Heiden entwickelten.

An einigen Orten wurde die Plaggenwirtschaft so weit getrieben, dass nicht einmal mehr die Heide dort wuchs. Fast vegetationslose Sandflächen entstanden, die den Winden schutzlos ausgesetzt waren. Wanderdünen entstanden, die ganze Dörfer zu begraben drohten (Abschn. 3.2). Die Plaggenwirtschaft ermöglichte zwar eine landwirtschaftliche Nutzung und somit ein Leben auf den Geestflächen. Allerdings sind die sandigen Böden Norddeutschlands auch sensibel. Jede abgeplaggte Fläche benötigte etwa sieben Jahre, um sich zu regenerieren. Wurde zu früh wieder abgeplaggt, kippte das System. Bodenfläche war knapp. Bis auf wenige Restwaldflächen und nicht drainierte Moore wurden alle vorhandenen Flächen landwirtschaftlich genutzt, entweder ackerbaulich als Esch oder zur Gewinnung der Plaggen.

Plaggeneschböden findet man vorwiegend im nordwestdeutschen Raum. Das Hauptverbreitungsgebiet der grauen Plaggenesche sind die durch die Saaleeiszeit geprägten nährstoffarmen Gebiete Nordwestdeutschlands. Die braunen Plaggenesche findet man weiter südlich im Osnabrücker Raum bis hin zum Sauerland. Auch im nordfriesischen Raum, insbesondere auf den Inseln Amrum, Föhr und Sylt finden sich vereinzelt Plaggenesche (Abb. 10.6). Sie sind immer Zeitzeugen für eine arbeitsintensive Bewirtschaftungsform, die mit der Erfindung des Mineraldüngers für immer verschwunden ist.

Wölbäcker als Zeugen einer alten Ackerbautechnik

Langgestreckte Hügelbeete mit 5–30 m Breite und einer bis zu 1 m hohen Wölbung lassen sich manchmal auf Grünland oder im Wald entdecken (Abb. 10.7). Diese sogenannten Wölbäcker sind Zeugen einer ehemaligen Nutzung als Ackerland. Die Erfindung des Streichbrettpflugs im 13. Jahrhundert, mit dem der Boden in eine Richtung gewendet wurde, ermöglichten die Anlage der Wölbäcker (Abb. 10.8). Dazu wurde von beiden Seiten des Ackerschlags gegenläufig immer nur in eine Richtung gepflügt. Es bildete sich eine Wölbung in der Mitte des Ackerschlags, die immer weiter aufwuchs. Bis heute ist unklar, warum es diese Form der Ackernutzung bis ins 19. Jahrhundert hinein in fast allen Teilen Europas gab. Die wellenförmige Oberfläche der Äcker könnte als Absicherung gegen Ertragsausfälle gedient haben. Pflanzen wuchsen in trockenen Jahren in den Furchen (höhere Bodenfeuchte) und in nassen Jahren auf den Wölbungskämen (höhere Drainagewirkung) besser. So wurde ein totaler Ertragsausfall unwahrscheinlicher. Es wird auch diskutiert, dass die Wölbackerformen der Abgrenzung der Ackerschläge dienten oder als Erosionsschutz gedacht waren. Da man Wölbäcker aber im Flachland und im Bergland findet, sind sie wohl nicht vorrangig zum Erosionsschutz angelegt worden. Durch die Neuaufteilung der Ackerflächen ab dem 18. Jahrhundert (Verkoppelung) wurden die meisten Wölbäcker eingeebnet und sind heute nicht mehr sichtbar.

Abb. 10.7 Wölbacker in einem Waldgebiet bei Wolfsburg. Unter den Wölbungskämmen ist Ackerkrume vergraben worden, die sich im Bodenprofil immer noch wiedererkennen lässt. (Foto: A. Don)

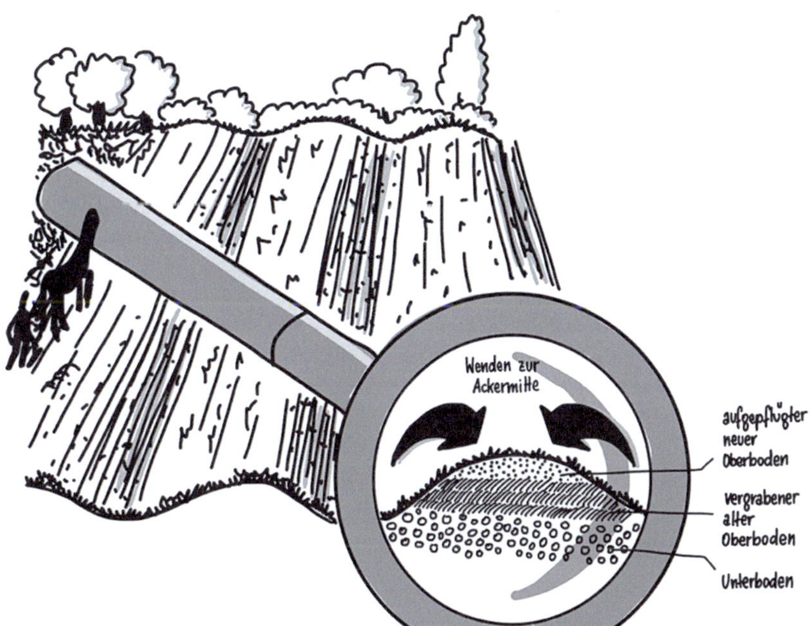

Abb. 10.8 Wölbäcker waren in ganz Europa weit verbreitet. Sie sind durch wendendes Pflügen immer zur Ackermitte hin entstanden. Die Ackerschläge waren sehr lang gestreckt, weil das Wenden des Pferdegespanns am aufwendigsten war. (Grafik: Andrea Wendt)

Kapitel 10

10.2 Kolluvisol – abgeschwemmt und liegengeblieben

Angeschwemmtes Material für einen neuen Boden

In Berlin hat es im August 2006 so stark geregnet, dass man innerhalb einer Stunde auf einer Fläche von nur 10 mal 10 Metern 70 Badewannen mit Wasser hätte füllen können. Würde eine so große Menge Wasser an einem unbewachsenen Hang herunterlaufen, würde es einen Großteil des Bodens mit sich reißen, vornehmlich den humosen, dunkel gefärbten Oberboden (Abb. 10.14). Noch zu Zeiten der Römer war Deutschland zu weiten Teilen bewaldet. Selbst an steileren Hängen und bei tagelangem Starkregen wurde der Boden durch die Vegetation geschützt. Die Regentropfen wurden durch das Laub und die Streuschicht des Waldbodens abgebremst und konnten nach und nach im Boden versickern.

Mit dem Sesshaftwerden der Menschen und dem Beginn der Landwirtschaft und des Bergbaus begann die massenhafte Entwaldung. Nach den großen Abholzungsperioden des Mittelalters verblieb nur noch ein Drittel der ursprünglichen Waldfläche. Wind und Wasser konnten nun ungebremst an den kahlen Flächen nagen und den Boden davontragen. Jede Nutzung als Acker verursacht auch heute noch einen kontinuierlichen Verlust des Oberbodens in Hanglagen (*Erosion*). Doch nicht das gesamte abgetragene Bodenmaterial verschwindet für immer in Flüssen und Meeren. Ein Teil blieb und bleibt am Hangfuß, in Senken und kleinen Tälern oder an Böschungen und Hangkanten liegen (Kolluvien). Es bildet dort das *Ausgangsmaterial* für einen neuen Boden, den Kolluvisol (Abb. 10.9). Mit dem bloßen Auge sehen die Profile dieser Böden sehr einheitlich aus. Erst mit Spezialanalytik werden die einzelnen Lagen erkennbar, in denen die Schichten abgelagert wurden, falls sie nicht durch die ackerbauliche Bodenbearbeitung vermischt und homogenisiert wurden (Abb. 10.10). Jahrhunderte zurückliegende Starkregenereignisse konnten durch teilweise meterdicke Kolluvien, die in Tallagen liegen und erhalten geblieben sind, rekonstruiert werden (Abb. 10.11). Meist sind die Ablagerungsschichten von Kolluvien nur millimeterdünn wie bei einem Baumkuchen. Die Mächtigkeit der Schichten lässt Rückschlüsse auf die Intensität der Landwirtschaft in der Region in der jeweiligen Epoche zu (Abb. 10.12).

Zeitzeugnisse werden bewahrt

Ein typisches Merkmal in Kolluvisolen sind Holzkohlestücke, denn häufig wurde die Vegetation durch Abbrennen beseitigt, um Ackerfläche zu schaffen. Holzkohlereste dieser und anderer Brände haben sich mit dem abgeschwemmten Boden vermischt und lassen eine Altersdatierung zu, womit eine vergangene menschliche Kulturtätigkeit rekonstruiert werden kann. Es finden sich in Kolluvisolen aber auch Gegenstände des menschlichen Gebrauchs, zum Beispiel Ton- und Glasscherben, die Rückschlüsse auf eine menschliche Besiedlung geben können (Abb. 10.13). Im Segbachtal in der Osteifel sind zum Beispiel

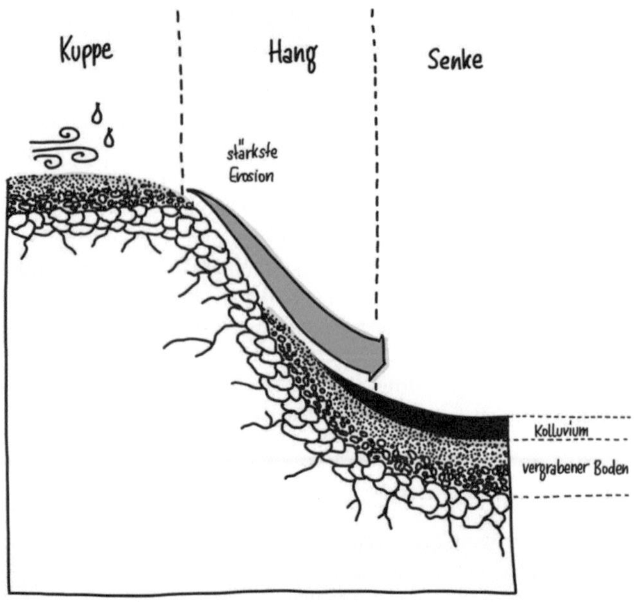

Abb. 10.9 Erosionslandschaft mit *erodierten* Flächen am Hang und Ablagerungsflächen am Unterhang (Kolluvium). (Grafik: Andrea Wendt)

unter meterdicken Kolluvisolen römische Landnutzungsstrukturen und Mauerreste einer Villa erhalten geblieben. Sie gehörten zu einer bedeutenden Mühlstein- und Keramikindustrie in römischer Zeit. Im Kolluvisol sind diese Artefakte geschützt, solange sie vom Pflug nicht erreicht werden. Sie werden dort bewahrt, bis sie entdeckt werden, um ihre Geschichte zu erzählen.

Kolluvisole gibt es dort, wo es Erosion gibt

Treffen große Hangneigung und leicht abschwemmbares, *schluffreiches* Bodenmaterial aufeinander, ist die Erosionsgefahr hoch. Auch in einer nur sanft hügeligen Grundmoränenlandschaft, zum Beispiel in der Uckermark, verändert sich die Gestalt der Landschaft durch *Erosion*. Kuppen werden eingeebnet und die Senken (Sölle) werden immer flacher und mit abgetragenem Bodenmaterial verfüllt. Dabei kann besonders an den Rändern der Kuppen der fruchtbare Oberboden schon ganz verschwunden sein und der Unterboden (meist hellere Färbung) hindurchscheinen (Abb. 10.9). Die Senken hingegen werden mit dem *erodierte*n humosen fruchtbaren Bodenmaterial gefüllt und der Kolluvisol wächst dort immer höher. Diese Böden sind oft tiefgründig durchwurzelbar und fruchtbar und haben eine hohe Wasser- und Nährstoffspeicherleistung. Verdichtungen oder Stauwasser können den Wurzeln allerdings in die Quere kommen. In Deutschland kommen Kolluvisole fast überall vor, außer in der sandigen Norddeutschen Tiefebene. Sie sind, ihrer Entstehungsgeschichte geschuldet, meist kleinräumig vergesellschaftet mit den Böden am Oberhang, aus deren Material sie entstanden sind (z. B. Pararendzinen, Parabraunerden, Braunerden) und den Böden, die sie unter sich begraben haben (z. B. Auenböden, Gleye).

Abb. 10.10 Ein Kolluvisol im Landkreis Nordhausen in Thüringen. Das Bodenprofil befindet sich am Unterhang. Bei nur geringer Hangneigung wurde humoses Material am Oberhang durch Wasser abgetragen und über eine Parabraunerde gespült. Die kolluviale Auflage hat hier eine Mächtigkeit von ca. 50 cm. (Foto: R. Prietz)

Abb. 10.11 Kolluvisol über einem Gley im Landkreis Emmendingen in Baden-Württemberg. Ein über 1 m mächtiges Kolluvium hat sich hier im Tal abgelagert. Im Verlauf der Abtragung wurden auch kleinere Kalksteine mit abgeschwemmt. Durch den Kalk ist dieser Kolluvisol besonders fruchtbar. (Foto: T. Rauschen)

Abb. 10.12 Kalkhaltiger Kolluvisol über Pseudogley-Pararendzina im Ortenaukreis in Baden-Württemberg. An diesem Bodenprofil werden verschiedene Phasen der Abschwemmung deutlich. Zwischen 50 und 66 cm befindet sich der ehemalige Oberboden (Ah). Darüber lagert zwischen 30 und 50 cm ein älteres Kolluvium, das wiederum von einem jüngeren im Bild heller erscheinenden Kolluvium (10–30 cm Tiefe) überlagert wurde. (Foto: T. Rauschen)

Abb. 10.13 Kolluvisol im Landkreis Neumarkt in der Oberpfalz. Das ca. 60 cm mächtige Kolluvium lagert hier über einer Pararendzina (Abschn. 2.2). Im Kolluvium wurden Holzkohlestücke und kleinere Glasscherben gefunden. (Foto: W. Hölzer)

Wassererosion

Wenn Böden nicht mehr ganzjährig von einer Pflanzendecke geschützt werden, wie im Wald und auch im Grünland, können sie durch Bodenabtrag (*Erosion*) ständig gekappt werden. Die obersten Millimeter des Bodens werden vom Wasser weggeschwemmt. Durch *Erosion* gehen auf stark erosionsgefährdeten Böden durchschnittlich 5 mm Boden pro Jahrzehnt verloren. Eigentlich wachsen Böden, indem sie durch die Verwitterung und Bodenentwicklung immer tiefer werden. *Erosion* verhindert dieses Wachstum und die Böden schrumpfen mit der Zeit, weil die Verwitterung oft langsamer ist als die *Erosion*. Die Wassererosion durch Niederschläge ist dort besonders stark, wo sowohl die Hangneigung als auch die Ackerschläge groß sind. Außerdem sind besonders die Böden mit wenig Ton (klebt) und wenig Sand (ist schwer) erosionsgefährdet. Das sind aber die fruchtbaren, *schluffreichen* Böden, die aus Löss entstanden sind (Kap. 4). Wenn der Landwirt längst des Hanges auf und ab pflügt, können sich entlang der Pflugfurchen Rinnsale bilden, die zu kleinen Bächen anwachsen und tiefe Furchen in den Boden schneiden (Abb. 10.14). Bei starkem Regen kann das Wasser aber auch flächenhaft den Boden davonschwemmen. Schon ein einzelner Regentropfen, der auf einen ungeschützten Boden fällt, bewegt ein bisschen Bodenmaterial. Das führt zur Verstopfung der Grobporen und macht den so verschlämmten Boden noch anfälliger für *Erosion*. Abhilfe schafft hier eine reduzierte Bodenbearbeitung ohne Einsatz des Pfluges und, wo möglich, ein kompletter Verzicht auf Grubbern und Pflügen (Direktsaatverfahren). Dadurch bleiben Pflanzenreste und Stoppeln als Schutzschicht auf dem Boden.

Der wegerodierte, fruchtbare, obere Teil des Bodens ist für immer verloren. Böden können dadurch ihre Fruchtbarkeit verlieren, sind schwerer zu bearbeiten und müssen teilweise ganz als Ackerstandorte aufgegeben werden. So gehört die Wassererosion zu den größten Gefahren für landwirtschaftlich genutzte Böden in unseren Breiten.

Abb. 10.14 Wassererosion auf diesem Weizenfeld in Mecklenburg-Vorpommern hat Rinnen in den Boden gegraben. (Foto: © M. Henning/blickwinkel/picture alliance)

Glossar

Aggregate Zusammenlagerung von Bodenbestandteilen wie Sand, Schluff oder Ton zu größeren Einheiten. Ein Bespiel für Aggregate ist das Krümelgefüge, das durch Regenwürmer entsteht.

Ausgangsmaterial Substrat, z. B. Löss oder Sandstein, aus dem nach Verwitterung Boden entsteht.

basisch Chemischer Begriff, der das Gegenteil von sauer beschreibt. Als basisch werden pH-Werte von über 7 bezeichnet.

Bodenklassifikation Bodenkundliches Schema zur Untergliederung von Böden mit bestimmten Eigenschaften in Bodentypen.

Bodenmatrix Die festen Bestandteile des Bodens ohne den Porenraum und das Porenwasser.

Bodenprofil Ein von der Erdoberfläche aus erfolgter senkrechter Schnitt durch einen Bodenkörper. Ein Bodenprofil wird mit Hilfe eines Bodenlochs angelegt. An einem Bodenprofil können die verschiedenen Bodenhorizonte, der Bodentyp und weitere Bodenparameter bestimmt werden.

Bodensoden Ausgestochene Pflanzenteile (z. B. Heidekraut) mit Wurzelballen und Mineralbodenanteilen.

Bodentextur Ein anderes Wort für Bodenart. Es beschreibt die Korngrößenzusammensetzung eines Bodens, also den Anteil von Sand, Schluff und Ton (siehe Korngröße).

Bodentyp Bodenkundliche Bezeichnung für einen bestimmten Boden mit charakteristischer Abfolge der einzelnen Schichten (Horizonte).

Degradation In der Landwirtschaft ist ein degradierter Boden ein Boden, der deutlich verschlechtert ist in seinen Funktionen und in seiner Fruchtbarkeit.

Eiszeit Erdgeschichtlicher Zeitabschnitt, in dem weite Teile der Nordhalbkugel mit Gletschereis bedeckt waren. Sie begann vor ca. 2,4 Mio. Jahren und endete vor ca. 10.000 Jahren.

Erosion Abtrag von Bodenmaterial durch Wind oder Wasser.

Feldspat Eines der wichtigsten gesteinsbildenden, hellen Minerale der Erdkruste mit bestimmter chemischer Zusammensetzung (Silikat-Mineral).

Fließerde Bodenbrei, der bereits bei geringem Gefälle hangabwärts fließt. Sie entstand oft während der Eiszeiten, wenn der Boden in den Sommermonaten oberflächig auftaute und auf gefrorenem Grund hangabwärts rutschte.

Geschiebelehm Ablagerungen des von Gletschern mitgeführten lehmigen Schuttmaterials an der Gletschersohle oder am Gletscherrand.

Horizont Bodenkundliche Bezeichnung für eine Schicht in einem Bodenprofil. Er zeichnet sich durch besondere Merkmale aus und unterscheidet sich so von darüber und darunterliegenden Schichten.

Humus Dunkle Substanz, die aus abgestorbenen tierischen und pflanzlichen Bestandteilen und deren Umwandlungsprodukte besteht. Wird auch als organische Substanz bezeichnet und besteht etwa zur Hälfte aus Kohlenstoff.

Kapillarkräfte Kräfte, die Flüssigkeiten in einer feinen Pore gegen die Schwerkraft nach oben steigen lassen.

Knicks Mit Gehölzen bewachsener niedriger Erdwall zwischen Feldern.

Konkretion Verhärtete Anreicherung von z. B. Eisen-, Manganoxiden oder Kalk in meist rundlicher Form.

Korngröße Begriff der Bodenkunde, der die Größe von Bodenteilchen definiert. Sand hat z. B. eine Korngröße von 0,063–2 mm Durchmesser. Die Korngröße von Ton ist kleiner als 0,002 mm. Die mittlere Korngröße zwischen 0,002 und 0,063 mm wird als Schluff bezeichnet.

Lessivierung Verlagerung von Tonteilchen in einem Boden in tiefere Bodenhorizonte.

Magmatite Gesteine, die sich bilden, wenn Magma oder Lava erstarrt.

Melioration Maßnahme zur Verbesserung der Ertragsfähigkeit des Bodens.

Mergel Kalkhaltiges Gestein mit Kalkgehalten bis zu 75 %.

Metamorphite Gesteine, die sich unter hohem Druck und hoher Temperatur in der Erdkruste gebildet haben. M. sind aus Sedimentgesteinen oder Magmatiten entstanden.

A. Don, R. Prietz, *Unsere Böden entdecken*, https://doi.org/10.1007/978-3-662-71765-3

Minerale Feste Bestandteile des Bodens, aus Gesteinen entstanden, mit typischer chemischer Zusammensetzung und meist Kristallstruktur.

Nitrat Stickstoffhaltige Verbindung und Pflanzennährstoff, die sich auch in organischen und mineralischen Düngern befindet und eine Verschmutzungsgefahr für Trinkwasser darstellt.

Oxidation Chemische Umwandlungsreaktion, z. B. von Eisenverbindungen, meist unter Mitwirkung von Sauerstoff, durch die z. B. aus Eisen Eisenrost wird.

Oxide Sauerstoffverbindungen eines chemischen Elements. Sie entstehen im Boden aus der Verbindung von Sauerstoff mit Metallen wie Eisen oder Aluminium.

Paläogen Zeitabschnitt der Erdgeschichte, es umfasst den Zeitraum von vor 65 Mio. Jahren bis vor 23,8 Mio. Jahren. Früher war es Teil des sog. Tertiärs, das mittlerweile in Paläogen und Neogen aufgeteilt wird.

pH-Wert Das Maß für den sauren oder basischen Charakter einer Flüssigkeit oder eines Bodens.

Pflanzennährstoffe Elemente, die Pflanzen für ihr Wachstum brauchen. Hauptnährstoffe sind Stickstoff, Kalium und Phosphor, Spurenelemente sind z. B. Eisen und Kupfer.

Reduktion Chemische Umwandlungsreaktion z. B. im Boden, die unter Ausschluss von Sauerstoff abläuft und eine *Oxidation* rückgängig macht.

Schluff Mittlerer Korngrößenbereich zwischen Sand und Ton. Bodenpartikel die zwischen 0,002 bis 0,063 Millimeter groß sind deshalb mehlig anfühlen. Schluffkörner sind so klein, dass sie weder mit dem bloßen Auge noch mit der Lupe einzeln auflösbar sind.

Schmelzwassersand Sande, die nach dem Abschmelzen der Gletscher vor oder unter dem Eis abgelagert wurden.

Sedimentgesteine Gesteine, die entstehen, wenn sich an Land oder in Gewässern abgelagertes Material (Sedimente, wie zum Beispiel Sand) unter erhöhtem Druck verfestigt.

Terrasse Reste ehemaliger Talböden, die nach weiterer Eintiefung des Tals durch den Fluss am Hang zurückbleiben (Flussterrassen). Sie entstehen durch Sedimentation von meist sandigkiesigem Gesteinsmaterial.

Tiefpflügen Ein im letzten Jahrhundert besonders in Norddeutschland verbreitetes Verfahren zum einmaligen sehr tiefen Umbrechen von Boden (Tiefumbruch), z. B. zum Unterpflügen von Moorauflagen. Die Pflugschar konnte bis zu 2,5 m tief pflügen.

Tonminerale Minerale der Erdkruste mit plättchenartiger Struktur, die aus Kristallstrukturen aus Silizium, Sauerstoff, Wasserstoff und meist Magnesium und Aluminium aufgebaut sind. Sie besitzen meist die Fähigkeit zu Quellen oder zu Schrumpfen und haben eine große Oberfläche im Verhältnis zu ihrer Masse.

Trockenstress Phase, in die eine Pflanze bei akutem Wassermangel geraten kann, wenn sie mehr Wasser verdunstet, als sie aufnimmt.

Weiterführende Literatur

Dieses Buch kann nur einen ersten, durch die vielen Bodenprofilfotos geprägten, Eindruck geben, welche Prozesse in Böden ablaufen und wie unterschiedlich Böden bei uns sind. Für interessierte Leser findet sich in diesem Kapitel bodenkundliche Literatur zum tieferen Einsteigen in die Bodenkunde.

Böden der Welt – ein Bildatlas
Dieses reich bebilderte Buch gibt einen Überblick über alle wichtigen Bodentypen und erläutert anhand von Diagrammen deren Eigenschaften und Bodenbildungsprozesse. Es ist ein sehr gutes Buch, um auch Böden außerhalb Deutschlands kennenzulernen.

Zech, W., Schad, P. & Hintermaier-Erhard, G. (2014). *Böden der Welt: Ein Bildatlas* (2. Aufl.). Springer Spektrum, Berlin.

Scheffer/Schachtschabel – Lehrbuch der Bodenkunde
Wenn es ein Lehrbuch für die Bodenkunde gibt, dann ist es dieses. Der Klassiker der Bodenkundeliteratur schlechthin (17. Auflage!). Immer wieder auf den neusten Stand des Wissens gebracht, ist es für alle, die sich intensiver mit Bodenkunde beschäftigen, ein Muss.

Amelung, W., Blume, H., Fleige, H., Horn, R., Kandeler, E., Kögel-Knabner, I., Kretzschmar, R., Stahr, K., Wilke, B.-M. (2018). *Scheffer/Schachtschabel Lehrbuch der Bodenkunde* (17. Auflage). Springer Spektrum, Berlin.

Bodenkundliche Kartieranleitung KA6
Wer im Feld in Deutschland Böden kartieren möchte, kommt um dieses Buch nicht herum. Es enthält die allgemein gültige deutsche Bodensystematik und viele weitere Hilfsmittel zur Beschreibung und Bewertung von Böden und wurde 2024 als überarbeitete Fassung veröffentlicht.

AG Boden (2024). *Bodenkundliche Kartieranleitung KA6 in 2 Bänden* (6. Auflage in zwei Bänden). E. Schweizerbart'sche Verlagsbuchhandlung, Stuttgart.

Wörterbuch der Bodenkunde
Wer bei den vielen bodenwissenschaftlichen Fachwörtern durcheinander kommt, ist mit diesem kompakten Nachschlagewerk sehr gut bedient. Alle wichtigen Begriffe der Bodenkunde werden kurz und präzise beschrieben.

Hintermaier-Erhard, G., & Zech, W. (1997). *Wörterbuch der Bodenkunde: Systematik, Genese, Eigenschaften, Ökologie und Verbreitung von Böden; 43 Tabellen*. Enke, Stuttgart.

Bodenatlas Deutschland
Wer mehr über die Verteilung von Böden in Deutschland, ihre Nutzungsformen und ihre Entstehungsfaktoren aus Klima und Geologie lernen möchte, dem sei dieses großformatige Buch empfohlen. Anhand von vielen Karten gewinnt man einen guten Überblick zu Eigenschaften und Nutzung von Böden in Deutschland.

Schubert, T. (2016). *Bodenatlas Deutschland: Böden in thematischen Karten*. E. Schweizerbart'schen Verlagsbuchhandlung, Stuttgart.

Bodenkunde und Standortlehre
Wer sich besonders für die Entwicklungsreihen von Böden interessiert, dem sei dieses Lehrbuch empfohlen. Auch dies ist schon ein Klassiker der bodenkundlichen Lehrbücher in der 3. Auflage.

Stahr, K., Kandeler, E., Herrmann, L., & Streck, T. (2016). *Bodenkunde und Standortlehre* (3. Auflage). Eugen Ulmer, Stuttgart.

Bodenkunde Xpress
Dieses neue Buch eröffnet einen sprachlich lockeren und kompakten Zugang zum Thema Bodenkunde. Mit vielen Merksätzen lässt sich das Grundwissen der Bodenkunde und Standortlehre mit diesem Buch gut aneignen.

Herrmann, L. (2018) *Bodenkunde Xpress*. UTB GmbH, Stuttgart.

Der Boden: Das Universum unter unseren Füßen
Dieses Buch des Journalisten Peter Laufmann ist voller Geschichten und Aspekte rund um den Boden und darüber hinaus. Es schafft es informativ und unterhaltsam für das Thema Boden und Bodenschutz zu sensibilisieren.

Laufmann, P. (2020). *Der Boden: Das Universum unter unseren Füßen*. C. Bertelsmann Verlag.

Waldböden: Ein Bildatlas der wichtigsten Bodentypen aus Österreich, Deutschland und der Schweiz
Dies ist ein umfangreiches und detailliertes Nachschlagewerk über unsere Waldböden. Zu ausgewählten Bodenprofilen finden sich neben Fotos und Beschreibung auch viele Bodendaten. Dieses Buch richtet sich vornehmlich an Lehrende und ein Fachpublikum.

Leitgeb, E., Reiter, R., Englisch, M., Lüscher, P., Schad, P., Feger, K.-H. (2013). *Waldböden: Ein Bildatlas der wichtigsten Bodentypen aus Österreich, Deutschland und der Schweiz*. John Wiley & Sons.

A. Don, R. Prietz, *Unsere Böden entdecken*, https://doi.org/10.1007/978-3-662-71765-3

Böden Deutschlands, Österreichs und der Schweiz
Dies ist ein neues Fachbuch zu Böden bei uns mit fast 800 Seiten und vielen Abbildungen. Es ist wissenschaftlich tiefgehend, basiert aber u. a. auf der nicht mehr aktuellen Bodenkundlichen Kartieranleitung KA5.

Joisten, H., Giani, L., Kochan, N., Kühn, D., Sauer, D., Schad, P., Sponagel, H. (2023). *Böden Deutschlands, Österreichs und der Schweiz – Ein Bildatlas.* Springer Nature.

Bodenkarten online

Um herauszufinden, welche Böden, in welcher Region Deutschlands vorkommen, stehen immer mehr Bodenkarten auch im Internet zur freien Verfügung. Da die kleinräumige Variabilität der Böden in der Landschaft groß ist, kann der Bodentyp eines Standorts aber niemals anhand der Bodenkarte genau bestimmt werden. Trotzdem geben die Karten einen guten Überblick über die in den verschiedenen Regionen vorkommenden Böden (letzter Zugriff für alle aufgeführten Weblinks am 31.03.2025):

Deutschland
Der Geoviewer der Bundesanstalt für Geologie und Rohstoffe (https://geoviewer.bgr.de/mapapps4/resources/apps/geoviewer/index.html?lang=de) stellt unter dem Thema „Boden" verschiedene Bodenübersichtskarten von Deutschland zur Verfügung. Hier kann eine Bodenkarte „Böden Deutschlands 1 : 200.000" aufgerufen werden. Außerdem können Bodenprofile und deren Beschreibung zu den Legenden abgerufen werden.

Baden-Württemberg
Das Landesamt für Geologie, Rohstoffe und Bergbau stellt verschiedene detaillierte Bodenkarten online (http://maps.lgrb-bw.de/). Eine Bodenkarte 1 : 50.000 mit den „Bodenkundlichen Einheiten" ist verfügbar und bildet die dominierenden Bodentypen ab.

Bayern
Im BayernAtlas (Geoportal Bayern) gibt es unter dem Themenmenü „Umwelt und Naturgefahren" und darin unter „Geologie/Boden" eine detaillierte Bodenübersichtskarte im Maßstab 1 : 25.000 (https://geoportal.bayern.de/bayernatlas/).

Brandenburg und Berlin
Eine Bodenübersichtskarte im Maßstab 1 : 300.000 gibt es online vom Landesamt für Bergbau, Geologie und Rohstoffe (http://www.geo.brandenburg.de/lbgr/bergbau).

Bremen
Im Rahmen des Landschaftsprogramms Bremen findet man eine Bodentypenkarte 1 : 25.000 (https://www.lapro-bremen.de/assets/Lapro-Plan/Textkarten/Textkarte_2.1-1_Bodentypen_Pub_1511.pdf).

Hessen
Hier gibt es den BodenViewer (http://bodenviewer.hessen.de) des Hessischen Landesamtes für Naturschutz, Umwelt und Geologie. Im mittelmaßstäblichen Bodenflächenkataster kann eine Bodenhauptgruppenkarte abgerufen werden, die einen Überblick über die vorkommenden Bodentypen gibt (1 : 50.000).

Mecklenburg-Vorpommern
Nach wie vor ist keine Karte zu den Bodentypen online verfügbar, sondern Bodenkarten können nur als gedruckte Version bestellt werden.

Niedersachsen
Mit dem NIBIS-Kartenserver des Landesamtes für Bergbau, Energie und Geologie stehen verschiedenen Bodenkarten online zu Verfügung (http://nibis.lbeg.de/cardomap3/). Unter dem Menü „Themenkarten" im Bereich „Bodenkunde" lässt sich eine detaillierte Bodenkarte von Niedersachsen (1 : 50.000) aufrufen.

Nordrhein-Westfalen
Im Geoportal NRW wird vom Geologischen Dienst NRW eine Bodenkarte im Maßstab 1 : 50.000 neben weiteren Bodenkarten unter dem Kartenthema „Weitere Themen", „Geowissenschaften", „INSPIRE-WMS NRW Boden ALKIS" zu Verfügung gestellt (https://www.geoportal.nrw/?activetab=map).

Rheinland-Pfalz
Vom Landesamt für Geologie und Bergbau werden auf einem Geoportal mehrere sehr detaillierte Bodenkarten zu verschiedenen Bodeneigenschaften online zu Verfügung gestellt. Eine Karte zu den Bodentypen gibt es etwas versteckt, aber nur in einem groben Maßstab von 1 : 200.000 als „BFD200" (http://www.geoportal.rlp.de/portal/karten.html?LAYER%5bzoom%5d=1&LAYER%5bid%5d=54310&LAYER%5bvisible%5d=0&LAYER%5bquerylayer%5d=0).

Saarland
Im Geoportal Saarland (http://geoportal.saarland.de/mapbender/geoportal/mod_index.php?mb_user_myGui=Geoportal-SL&WMC=3023) findet sich eine gut bedienbare Bodenübersichtskarte 1 : 100.000. Unter „Typ_Bezeichnung" findet sich der vorherrschende Bodentyp.

Sachsen
Vom Landesamt für Umwelt, Landwirtschaft und Geologie wird eine sehr detaillierte Bodenkarte (1 : 50.000) online verfügbar gemacht (https://www.umwelt.sachsen.de/umwelt/infosysteme/ida/pages/map/default/index.xhtml).

Sachsen-Anhalt
Für Sachsen-Anhalt ist keine landesweite Bodenkarte mit den Bodentypen derzeit online verfügbar.

Schleswig-Holstein
Auf dem Umweltportal von Schleswig-Holstein ist eine Bodenkarte für die meisten Gebiete des Landes 1 : 25.000 verfügbar (https://umweltportal.schleswig-holstein.de/kartendienste?).

Thüringen
Eine Bodengeologische Karte (1 : 100.000) ist online verfügbar als BGKK-100-TH beim Kartendienst des Thüringer Landesamtes für Umwelt, Bergbau und Naturschutz (https://antares.thueringen.de/cadenza/pages/home/index.xhtml;jsessionid=B942050F154926EA3FC21A07EF8A6AF4).

Stichwortverzeichnis

A. Don, R. Prietz, *Unsere Böden entdecken*, https://doi.org/10.1007/978-3-662-71765-3